「海の砂漠化」と森と人間

環境研究者のつぶやき

松永勝彦［著］
Matsunaga Katsuhiko

新日本出版社

目次

はじめに

研究者である私は、国民の大切な税金で生活し、研究することができました。その研究で得た知見を、少しでも国民や社会の利益になるようにしないといけないと思っています。ところが、国民や社会の利益ということを考えると、今の日本はおかしなことだらけです。

たとえば、無駄な公共事業がなぜまかり通っているのか。疑問に思っていました。国、地方を問わず、政治家にとって票や献金が最も重要のようです。集票マシーンとして活動した企業、団体、個人は当然その見返りを求めますから、それが無駄な公共事業に繋がっているように思います。

二〇二二年に、それと似たことを思わされるできごともありました。この年、自民党議員のほぼ半数が、反社会的宗教団体とズブズブの関係であることが明らかになり、国民は驚愕しました。親が反社会的な宗教団体に巨額の献金をしたから、家庭は崩壊し子どもは大学にも進学できず、自暴自棄になった子どもが多くいるようですし、自死した子どももいたようです。

洗脳され財産を失くした国民が泣いているのに、自分の利益を優先させている議員とは、何なのか、疑問に思っている国民は多いと思います。自民党の政治家たちは、要するに、票や選挙運動を担うボランティア要員が目的のようです。宗教団体はそうやって自民党の政治家との結びつきを強め、自分たちのイベントに政治家を出席させるなど、「広告塔」として政治家を活用して、自らの活動を推進してきました。

そうした議員のあり方は、政治家というより、自分の地位のために政治を行っている「政治屋」というべきものですが、あえていえば、そうした政治屋議員を選んだのは国民ですから、国民は政治と政治家のありようにもっと注意を向けなければいけないでしょう。

それにしても、国民の利益を裏切ってまで、議員になりたいとは。先の太平洋戦争末期に、純粋な青年を特攻隊員として、死に至らしめた上官は、戦後のうのうと生きたろくでなしもいたようです。腐った政治屋と上官とは被って見えます。

話を戻しましょう。日本社会のおかしなところはまだほかにもあります。昨今、経済格差が顕著になっています。富裕層はますます豊かになり、貧困層はますます生活苦に追いやられています。あまりにも大きな格差のある日本、これでいいのか、という疑問が湧いてきます。

また、嘘がまかり通る社会になり、黒でも白と言い続け、ほとぼりが冷めるのを待つという、救いようのない、愚かな、悲しい日本になってきたと、国民は思っているでしょう。さらに、特記すべき大きな問題は、資源のない日本にとって最も重要な研究力が低下していることです。

技術立国日本の看板も剝がれてきています。日本の食料自給率は三八パーセント程度、昨今の気候変動で世界的に食料生産が減少すれば、国力が低下している日本、食料をいつまで輸入できるのでしょうか。

食料と水があれば、国民は生きられますが、農地、農業にも不可欠な水の供給源である山（森林）は荒廃していないでしょうか。

二〇二二年、円安が進んでいますが、その要因は多岐にわたっているようです。米国との金利差は無論のこと、日本の国力低下も要因のように思います。国の借金が増え続けることもその要因ですが、研究機関を法人化して、研究費、特に基礎研究費を削減していることも、大きく関係しているように思います。

地球温暖化は止まりそうにもありません。一九七〇年当時、国民の大半が自分たちは

「中流層」だと思っていました。その実際がどうだったかはともかく、当時は社会問題に目を向けて考える人も少なくなかったと感じます。今は、「格差」社会で、今日の食事にも事欠く人々が増えています。そのような状況では、人は自分のことで手いっぱいになりがちで、社会や政治のことを考える余裕を失ってしまうかもしれません。格差の少ない時代に戻れば、国民は温暖化問題も真剣に考えることでしょう。

温暖化の進行を緩やかにするには、温室効果ガスを吸収する森林の保全が大事です。アマゾンの熱帯森林を伐採して牧場をつくり肉牛を大規模に飼育するということが行われていますが、私たちにできることは、そうした牧場で飼育した牛肉を食するよりも、海、特に漁船の燃料が少なくても漁獲できる、沿岸海域の魚介類を食することではないでしょうか。

しかしながら、今日の沿岸海域は多くの問題を抱えています。およそ半世紀前の日本海沿岸の岩や岩盤には海藻が繁茂し、魚介類の産卵の場、稚魚の生育の場でした。

戦前から敗戦後の一九六〇年代頃まで、多くの国民にとって牛肉を食する機会は少なかったのではないかと思いますが、川、湖、海の魚介類を食することができたため、動物性タンパク質にあまり困らなかったと思います。

しかしながら、今日、石や岩盤は石灰藻（せっかいそう）という一種の海藻に覆われ、白いペンキを塗布したような世界が広がり、それ以外の生き物が全く生存していない不毛の「砂漠化」が進行しています。

全国で進むこうした「海の砂漠化」は、太平洋岸も含め一〇〇〇キロメートルにも及んでいます。この要因は、森林が大きく関係しています。

河川水が流入する河口海域は、豊饒（ほうじょう）な海域ですが、多くの森林が管理されず放置されています。このため、保水力がなくなり、大雨の時しか河川水が流れない、いわゆる水無川が多くみられます。森林、特に私有林の間伐、植林は行われているのでしょうか。

海岸の砂浜は年々減少していますが、ダムにより砂が堰（せ）き止められ、海に流されなくなっているからです。砂場を住み処（すか）としている貝、小魚のイカナゴ（コウナゴ）は生存できません。

全国の内湾に生育しているイカナゴの減少は、それを捕食している魚の減少につながり、食物連鎖が切断されることになります。また、アユ、サケなどは河底の粒径の大きな礫（れき）に産卵しますが、礫はダムで堰き止められ、下流に流れた微細粒子の粘土鉱物は礫に付着するため、産卵場の機能が消滅しています（八〇ページ参照）。

北欧、ヨーロッパ、日本では、地球温暖化の主要因である二酸化炭素の排出を減らす種々の努力が行われていますが、独裁国家中国、北朝鮮、あるいはロシア、などは温暖化など対岸の火事だと思っているのかもしれません。

上記のような諸問題を抱えている今日、再生可能エネルギーを推進し、エネルギーを節約し、植林によることが、カーボンニュートラルの達成に資するのではないかと思います。これを世界に発信することが肝要でしょう。本書では、私が観測・実験で得られた結果と経験を主として記述しています。

私は、故瀬戸内寂聴さんの格言「人は人に役立つために生きている」を日頃心に留めています。

なお、私は、本書の印税の全てを社会福祉法人障害者施設に寄付します。

松永勝彦

第1章　食料生産の場・沿岸海域はどうなっているか

1　飽食の時代は続くのか

世界では、およそ二八億トンの穀物が生産されている。日本の食料自給率は三八パーセント程度で、六〇パーセント程度は輸入に頼っている。政府によれば最近の食品輸入量は三三〇〇万トン前後のようだ。大量の食品を輸入しているのに、五〇〇～八〇〇万トンが廃棄されている（食品ロス）。

これは日本のコメ生産高に匹敵する量、世界の食料援助量を上回る量で、廃棄されずに飢餓で苦しんでいる八億人の人々に分配されれば、多くの人々が飢餓から救われるといわれている。こんな不条理がいつまでも続くとは思えない。

食品ロスの問題は、食べるためにつくられた食品が食べられないまま捨てられるという問題なので、誰にもその不条理がわかりやすい。ここでは、もう一歩踏み込んで食品生産のためにどうしても必要なものについて考えてみよう。

たとえば米国では年間三億八〇〇〇万トンにのぼる大量のトウモロコシの生産を行っているが、大昔に地中に閉じ込められた帯水層の水も使っている。この水は地表から供給される地下水でないから、水が枯渇すれば雑草も生育しない不毛の地になる。トウモロコシを一キロ生産するのに使われる水の量は一八〇〇リットルである。既に、帯水層は元あった量の三〇パーセント程度しか残されていないようだ。

莫大な量のトウモロコシの数十パーセントは、牛などの餌として、またアルコール製造として使われている。牧草だけでは、肉質を高めることができないからだ。日本でも、高品質の牛乳、肉質向上のために、トウモロコシを餌として与えている。

ちなみに、他の食料についても一キログラム生産するのに必要な水の量を挙げておこう。牛肉二万七〇〇〇リットル、豚肉六〇〇〇リットル、鶏肉四五〇〇リットル、小麦二〇〇〇リットル、米三六〇〇リットルである。牛肉、豚肉が多量の水を使うのは、餌の生産に必要な水が含まれているからである。このように、水がないと食料生産はできない。

日本が輸入に頼っている六〇パーセントの食料を自国で生産したとすると、今国内で使用されている水と同量のおよそ八〇〇億トンが必要になる。つまり、他国から八〇〇億トンの水を輸入していることを意味している（バーチャル・ウォーターという）。このように自国で食糧を賄うには、大量の水が必要であるが、水の供給源である山林の管理が不可欠である。私は海における食料生産に関わる研究をしていて、山林の問題や水の問題に行き着いた経験を持っている。水の確保という問題は、思った以上にすそ野の広いテーマで、この章では後でその問題にふれたい。

食料輸出国が、旱魃(かんばつ)か大洪水になれば、自国民への食料が優先されるため、日本は、食料を輸入することが困難になるだろう。国民が飢えで苦しまないように、食料と水を確保することが、政府の重要な仕事である。日本が輸入している化学肥料、飼料が、円安も重なり高騰している今日、それらを輸入している農家の生業は、困難になるかもしれないし、化学肥料を長期間使っていると農地（土壌）が劣化する。国民に一番大切な食料問題を放置してきたのは、誰なのか。減反政策などで痛めつけられた農家は、自民、公明など政権党に怒りをぶつけるべきだ。

農家が有機肥料に転換するのを、酪農家が飼料用穀物の栽培を進めるのを、行政が援助すべきではないか。食料生産は、林、農、漁のつながりを切断してはいけない。

穀物、魚介類、水さえあれば、日本国民は飢えで苦しむことはない。それには、農業従事者が、労働に見合った収入が得られる必要がある。日本の基幹的農業従事者は年々減り、二〇二二年は一二二万人ほどで、これは五年前と比べても三〇万人近い減少である。がんばっている若い農業生産者もいるとは思うが、一二二万人の多くは高齢者だろう。農家が後継者不足にあえぎ自給率も減少の一途をたどっているのは、農業で食っていけないからである。この問題は農家まかせではなく国が取り組む以外にないはずだ。

農業従事者の収入を確保するためには、適切な販売価格を保障する政策が必要だが、生産物の販売市場を広げることも大事だろう。たとえば、日本の米は余っているが、米粉で麺をつくればと思う。タイの米粉麺、フォーと呼ばれているベトナムの米粉麺の郷土料理は日本の麺同様美味しかった。エスニックな料理は若い層にも人気があると思う。米粉麺には南方系の長粒米（インディカ米）が適しているようだが、国内でも長粒米の成分と同様のジャポニカ米も生産されている。米農家が米作りを継続できるように、政府が考えることが必要ではないか。

著者が小学生の頃、稲の刈り取り後に、裏作である小麦の作付けをしていたように思う。それをしなくなったのは、工業化を進めるのに伴い、農地や農業生産人口を減らす政策の中で、廉価な小麦を輸入するようになったからではないだろうか。そうだとしたら、食料自給よりも、工業製品の輸出を優先したことになる。しかし今日、工業製品の生産でも日本は他国に追い越されているようだ。国産の小麦は高価でも人気があるが、こんな経緯を見ると、小麦農家をもっと国はサポートすべきではないかと思う。

また、私が小学、中学生の時には、日本は資源がないから、頭脳で世界の頂点に立つしかないと、教育された。その結果、政治家でなく研究者の頭脳、頑張りにより「技術立国・日本」として、先進国の仲間入りができたのだ。

しかし、コラム3「研究能力の低下」（八二ページ）で述べるように、日本の技術を支える研究力は、いま著しく低下している。これを放置していては、国民が飢えで苦しむ時がくるのではないだろうか。

我々が主に食している、米、パン（小麦）、野菜、牛肉や豚肉、魚介類のうち、人間が手を加えなくても得られる食料は、養殖魚介類を除けば、海、湖、川で生育している天然の魚介類だけである。

穀物などは、半年〜一年もかけて苦労して生産した食糧を我々は食しているのである。一方、天然の魚介類は、人間が餌を与えなくても以下のような食物連鎖により生育し、その結果、我々は大型のマグロなども食することができる。

食物連鎖の原点である植物プランクトンは、水中に存在している窒素（硝酸塩）、リン

（リン酸塩）、ケイ素（ケイ酸塩）などの主成分（海洋、河川、湖沼などの水圏ではこれらを栄養塩という）、水、太陽光により、植物プランクトンが増殖し、それを餌とする動物プランクトン、それを捕食する、小型魚、大型魚という食物連鎖で、我々は天然マグロなどを食している。さらに、植物プランクトンを餌とする貝、海藻を餌とするアワビ（軟体動物）、ウニ（棘皮動物）などを食することができる。

世界の人口は二〇三〇年には、八五億人に増加すると推定されている。陸での食料供給は困難になるだろう。地球表面の七〇パーセントを占める海での食料確保は、極めて重要である。この章ではその話題について、私が探ってきたことを紹介しながら述べていきたい。先ほども述べたように、ことは海の問題だけにとどまらない面白さがある。

なお、近年問題にもなっている魚の乱獲は日本だけでは解決できない深刻な問題だ。持続可能な魚介類の資源管理を、各国で協議しなければ、海から食料を得ることは困難になるだろう。

次にまず、魚介類の生産、生育に最も重要な河口海域、干潟、岩盤域について見ていこう。

2　河口海域、海の「砂漠化」

(一) 河川水が沿岸海域の魚介類を育てている

子ども時代、夏には伊勢湾で毎日泳ぎ、時には潜ってハマグリを採取していた。海にあきると河川（コンクリートで固めてない）や小川でトンボ、フナ、ドジョウ、ナマズなどを採取、また街中でも森が残っていたから、カブトムシ、セミなどを採取し、秋にはハゼ釣りで楽しんでいた（遊び）。

毎日のように釣りに行っていたから、ハゼがよく釣れる所は、河口域であることを経験で知った。当時はその理由はむろんわからなかったが、河口海域は山（森林）の腐葉土から溶け出した栄養塩の濃度が高いことと、光合成生物に不可欠なフルボ酸鉄も、腐葉土から溶けて海に流入しているからである。

植物プランクトンから始まる食物連鎖により、餌が豊富になり、河口域では魚介類が豊富なのだ。

函館湾は海底の砂泥に潜っているホッキ貝の産地である。ここのホッキ漁船の大半も河口域に集中して漁をする。河口域は、貝の餌となる植物プランクトンが豊富だからだ。さらに、河畔林から種々の昆虫が河川に落下し、淡水魚のイワナなどに捕食されなかった昆虫が、河口域でハゼなどの餌になる。

河口の話はさらっと書けばこういうことなのだが、もう少し詳しく述べておこう。先ほどふれた、フルボ酸という物質のこと、聞いたことのある読者は決して多くないだろう。これは、腐植物質の一つで、多くの金属、特に鉄と結合する機能を有している。

それがなぜ大事なのか？　食物連鎖の最底辺＝出発点にいる植物プランクトンは、光合成で栄養をつくりだす。植物プランクトンを食べる動物プランクトンも、それを食べる魚や動物、それを食べる人間も、いわば、植物プランクトンが光合成で栄養をつくりだしているからこそ生きることができる。この光合成というプロセスにとって、なくてはならないのが鉄なのだ。

『森が消えれば海も死ぬ』で詳しく書いたのでそちらも参照していただきたいが、光合成を行うには二酸化炭素と水と太陽光に加え、栄養塩といわれる物質――具体的には硝酸塩、リン酸塩、ケイ酸塩が必要である。このうち細胞内に取り込まれた硝酸塩は、亜硝酸塩に還元されないと、タンパク質をつくる材料にならない。この際の硝酸還元酵素に関与しているのが鉄である。微量でいいのだが、鉄がないと光合成はできない。鉄は光合成色素であるクロロフィルを合成する役割も持っている。

海水中では鉄以外の元素や化合物は、水に溶けたイオンとなっていて、生物の細胞膜も通り抜けるのだが、鉄は粒子のため、光合成生物には直接取り込まれない。しかし、フルボ酸と結合した鉄は容易に光合成生物に取り込まれるのだ。フルボ酸鉄という化合物は、コロイド形態で存在しイオンと同様にふるまう。実験してみると、フルボ酸鉄は植物プランクトンの細胞に到達すると、鉄だけを細胞に渡し、フルボ酸自体はとり込まれないこともわかった。つまり、フルボ酸鉄は、植物プランクトン（あるいは同じく光合成を行う海藻類＝コンブやワカメ、ヒジキなど）に鉄を送り届ける役目を果たしている。

では、フルボ酸とはどのようにできているのだろう。山の腐植土で、枯葉などをバクテリアが二酸化炭素や水に分解したあとに有機物質が残る。これが化学的、微生物学的な変

写真１－１　発電用湖水が流入（三浦湾）

化を受けたものを腐植物質と呼んでいて、フルボ酸はその一種である。つまり、陸地、とくに山の森林で腐植土があれば、そこで形成されたフルボ酸鉄が河川を通して海岸に達し、河口で生物を豊かに育んでいるのだ。海にとって山の腐植物質を形成する森林の役割は大きい。

ハゼは針を内臓まで飲み込むから、針を取り出すと、臓器まで飛び出てきた。小学校低学年時には何も感じなかったのに、五年生頃に臓器が飛び出すのが可哀想に思ったのか、一生懸命生きている生き物を遊びのために殺生してはいけないと悟ったのか、釣りは一切やめた。但し、北大時代には研究のために、釣りを数回した。

三重県尾鷲市の東側に位置する三浦湾には、写真１－１の山の裏側にある湖から、パイプを

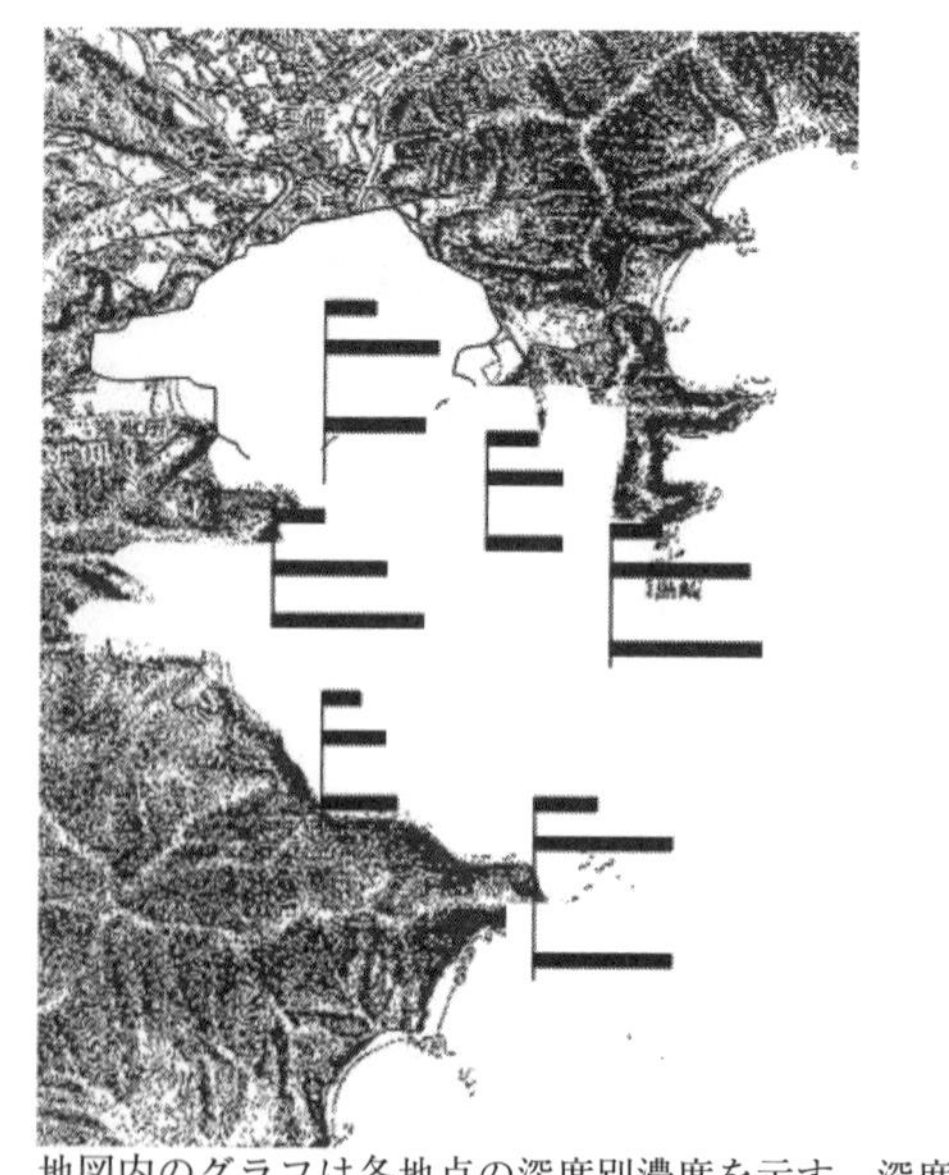

地図内のグラフは各地点の深度別濃度を示す。深度はタテ軸で上から0、2、5メートル。▬＝1μg/L

図1－1　三浦湾内、外のプランクトン濃度

通して発電に使用した湖水が、この湾に流れ込んでいる。湾での植物プランクトンに含まれているクロロフィルa（Chl.a）の測定結果を図1－1に示した（Chl.aは、植物プランクトン量と考えてもよい）。湾外に比べ湾内のChl.a、すなわち、植物プランクトンがきわめて多いことが読み取れる。また、表層のChl.a濃度は水深二メートル、水深五メートルと比べると低い。なぜなら、表層は太陽光が強すぎるためである。光合成生物にとって光は強ければ強いほどいいわけではなく、適切な強さの光でこそ効率よく栄養をつくりだすことができるのである。

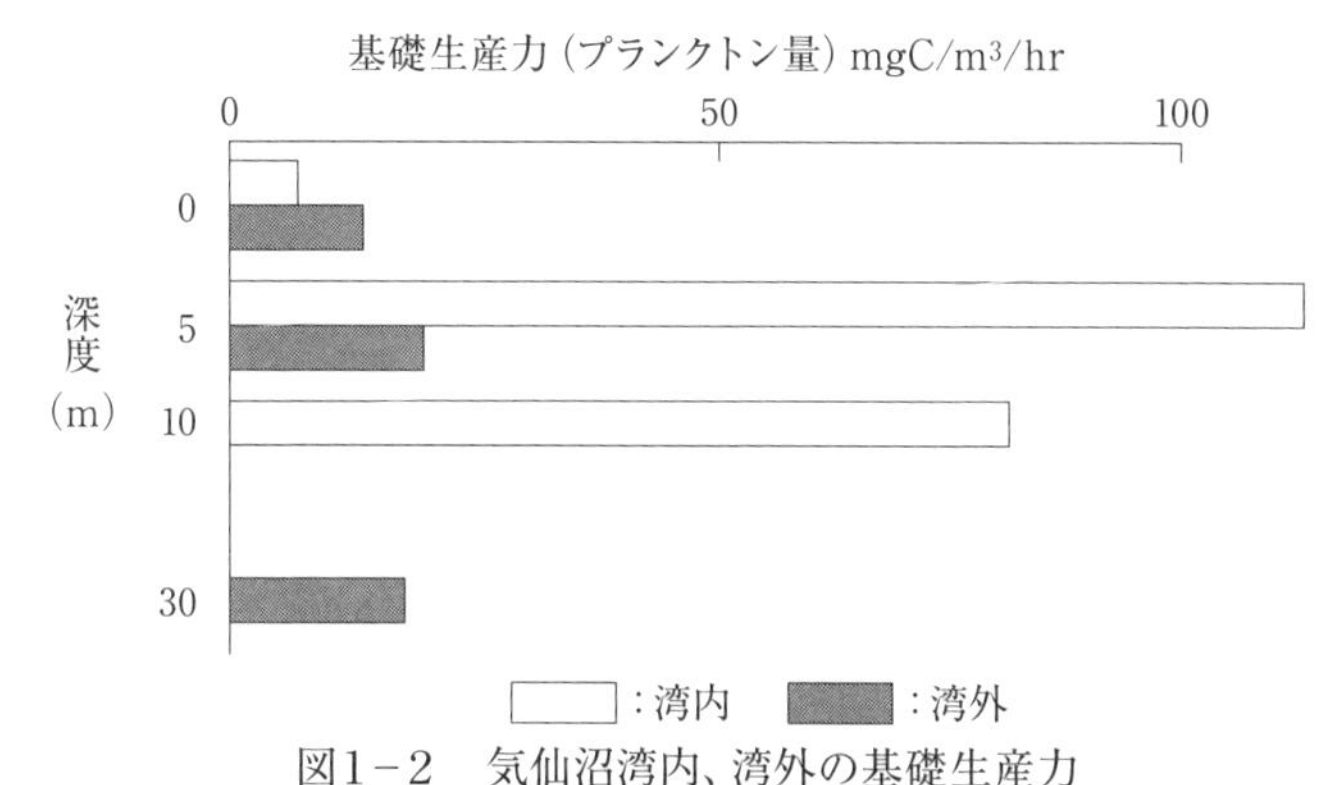

図1－2　気仙沼湾内、湾外の基礎生産力
（Matsunaga, K. et al : Water Res., 32, 3436. 1998）

湖水には腐植土などから溶出した栄養塩、フルボ酸鉄が含まれていて、湾外に比べ湾内のそれらの濃度はきわめて高いから、それらに比例して、Chl.a も高くなるのだ。

半世紀前には、この湾に流入していた河川は、現在水無川になっており、湖水の流入がないと、以下の（二）で述べる不毛の「砂漠」になり、アワビ、ウニの漁獲はできなくなる。現在は、発電後の湖水が流入しているため、アラメ、カジメ、ワカメなどの海藻が繁茂しており、それを餌とするアワビ、ウニの漁もできる。

湖は伊勢市を流れる宮川の水源である。湖水を発電に流さないで、宮川に戻せないかとの指摘もあった。湖、宮川の流域はスギ、ヒノキの針葉樹であるが、間伐があまりなされていないから、間伐すれば、地面に到達し地中に入る雨の量が増え、発電に使用する水量よりも、多くの水量が得られると思われる。

宮城県の気仙沼湾には大川という大河川が流入している。湾内と湾外の基礎生産力（植物プランクトン量とみなしていい）を図1－2に示したが、湾内のプランクトンは三浦湾同様多い。

腐植土、つまり森林が海の生き物のために果たしている役割はここに述べたことだけではない。だが、それがいかに大切なことか、この話題だけからも理解できると思う。詳細を望まれる方は、巻末の拙著をご覧ください。

（二）沿岸海域の「砂漠化」と森の関係

はじめに海藻と海草の相違について。前者はワカメ、コンブがよく知られており、胞子が石や岩盤に着床し成長する。後者は、アマモがよく知られており、砂、砂泥で地下茎や種で生育する。本書では、海藻について記述している。

沿岸海域の岩や岩盤に生育していた海藻が消滅する現象は、〝磯焼け〟といわれている。

これには、海藻が消滅しても岩や岩盤の表面は自然石のままの状態と、以下に述べる石灰(せっかい)藻(そう)という一種の海藻に覆われる二つの現象がある（石灰藻の正式名はサンゴモ目サンゴモ科エゾイシゴロモ）。

前者は、ガンガゼやムラサキウニが大量発生し、海藻を食べてしまった場合、あるいは水温の高い黒潮が接近し、海藻が枯死したのが主な要因である。この現象は、ウニを除去すれば再び海藻が生育するし、黒潮の蛇行がおさまれば再度海藻は繁茂する。

しかしながら、後者のように石灰藻に覆われると、ほぼ永久に海藻は生育しない。従って、〝磯焼け〟というだけではどちらの現象が起きているか不明のため、私は石灰藻に覆われた現象を、「海の砂漠化」と名付け、再度海藻が繁茂する〝磯焼け〟と区別するようにした。

この区別は、海藻が再度繁茂するか否かを知るにはきわめて重要である。しかし、テレビ局などは全く区別していない。政治から環境まで、多岐にわたる報道をしているから無理もないのかもしれないが、事実を正確に報じる使命をもっと意識してほしいと思っている。

本節では、岩や岩盤がなぜ石灰藻に覆われたのかについて、つまり、海の砂漠化の原因について記述する。

沿岸海域は粒径の大きい砂浜、粒径が小さい泥場、さらに岩場が存在している。半世紀前の北海道日本海側の岩場には、コンブ、ワカメなどの海藻が繁茂しており、その海藻を食するアワビ、ウニが無数に海藻と共存していた。

安全かつ安価な冷蔵庫、冷凍庫が普及していなかったため、漁師はウニやアワビは家で食するだけしか採取しなかったが、コンブは太陽光で乾燥させればよいので、コンブ漁は昔から行われていた。

昔の日本海側の平地や山は落葉樹の群落であった。江戸時代から昭和一〇年代頃まで、ニシンが大量に漁獲され、大釜でニシンを煮て、油と油粕にした。毎年大漁のニシンを煮るために、山の樹木は伐採され続けた。

また、戦前、戦後は食糧難のため、開墾によって、さらに輪をかけて樹木がなくなった。山の樹木の伐採は、後述するように海の「砂漠化」の要因となる。

北海道日本海側に位置する熊石町（現・八雲町）大成で、生れ育った古老の漁師から以下のような貴重な話を聞いた。——住宅横の河川について、現在の水量は少量（水深一〇センチ程度）だが、昔の水量は、けた違いに多かった。

何故水量が減少したのか、戦前の裏山には、直径一メートルもある落葉樹のミズナラの大木が無数に生育していた。しかしながら、太平洋終戦末期、戦闘機のプロペラを製作する金属が不足したため、ミズナラの大木でプロペラを作った。

それゆえ、山の樹木は皆伐された。ミズナラの皆伐が河川水量低下の要因だ――。皆伐すると腐植土が流出するため、降雨を地下に保水する機能がなくなる。それゆえ、雨水は表層を流れてしまい、地下にほとんど保水されないのだ（水無川も同様の要因である）。

木製プロペラの戦闘機で戦った青年飛行士は、どんな心境だったのだろうか。木製プロペラとは、あまりにも悲しすぎる。

本題に戻るが、昭和三〇年代後半には、冷蔵庫、冷凍庫が普及したため、漁師は高価値のアワビ、ウニを大量に採取するようになった。アワビ、ウニの資源量が激減すると同時に、海藻も激減し、岩は白いペンキを塗布したようになって「砂漠」と呼ばれる状態に変貌した（写真1－2）。

写真1－2　石灰藻に覆われた石

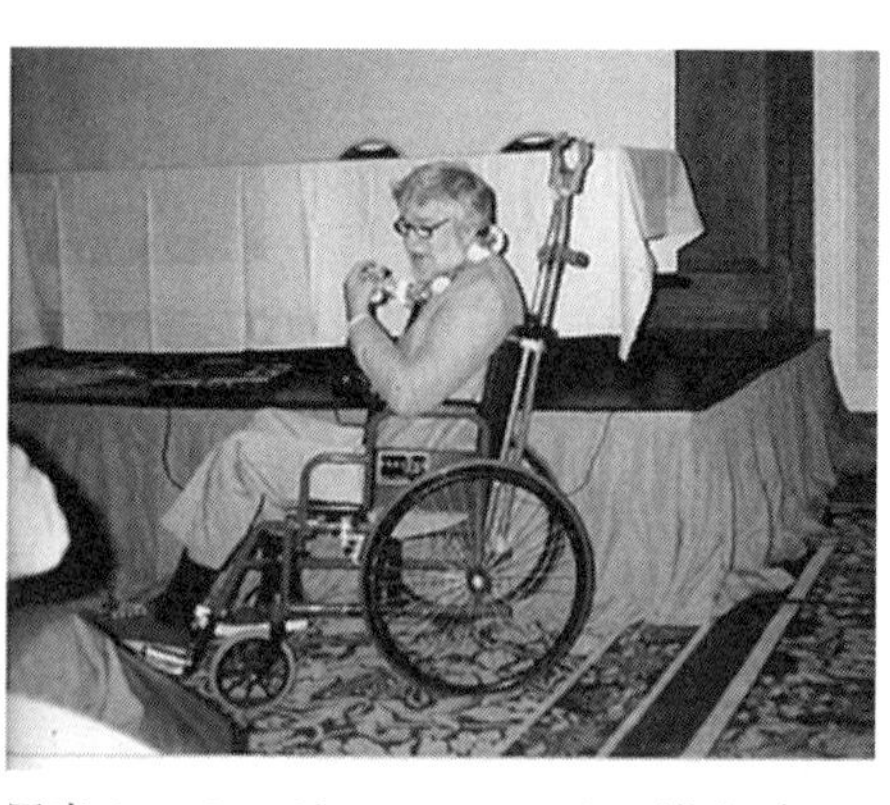
写真１－３　ジョン・マーチン博士（1935〜1993）

白いペンキを塗布したように見える物質は石灰藻である。その主成分は炭酸カルシウムで、白い大理石を想像すればよい。

石灰藻は生き物だから、少量の有機物が存在しているため、ウニは石灰藻をかじって生命だけは維持している。しかし、我々が食する黄色の部分（精巣か卵巣）は発育しないから、ウニは採取されずに放置されている。

私が、光合成生物に果たす鉄の役割の研究をしていた一九八〇年代半ば、米国モスランディング海洋研究所の故ジョン・マーチン博士（一九三五〜一九九三年）が、アラスカ湾で、鉄不足のため、植物プランクトンが生育しない海域が存在し、そこではその結果として太陽光が届く深さの海でも栄養塩が消費されていないという、衝撃的な論文を発表した。

一九八八年にハワイで環太平洋化学会議が開催され、私も参加しマーチン博士の写真を撮らせてもらった（写真１－３）。マーチン博士は外洋の研究だから、私は従来から手掛けていた沿岸海域のフルボ酸鉄の研究をすることにし、石灰藻が拡大する原因解明にも着手した。（二）でふれた、フルボ酸鉄と植物プランクトンの関係などもこの研究の一環である。

水中では鉄は粒子となり、底層に沈降することから、砂漠化の原因は、鉄不足が要因かと推測し、鉄礁を「海の砂漠」地帯に設置する実験を行った。翌年には主にコンブなどの海藻が繁茂していたが（写真1－4）、二年目には鉄礁に石灰藻が着床し、海藻の繁茂は著しく減少していたこと（写真1－5）、三年目には鉄礁がすべて石灰藻に覆われたことから、鉄不足が「砂漠」の原因ではない

写真1－4　鉄枠に海藻繁茂

写真1－5　鉄枠に石灰藻着床

と判断した。

一九九一年九月一四日、ＮＨＫが〝広がる海の砂漠化～青森下北半島〟という番組を放送し、私は取材を受けた。そこで私が話したのは、〝河川から流入する鉄粒子には、種々の元素や物質が吸着しているため、吸着したある種の物質が石灰藻の拡大を防いでいるのではないか〟ということだった。

その後、吸着した物質について、数年研究を続けた結果、森林で形成された腐植物質が、石灰藻の拡大を防いでいることを明らかにした。かいつまんでいうと次のようなことである。

北海道の日本海沿岸を丹念に見て回ると、ほぼ全域に「砂漠化」が認められるが、すべてというわけではなく、河川の影響するあたりには、コンブ等の有用海藻が繁茂しており、漁師はここでウニやアワビを取っている。また、日本海と同じ暖流水系である函館から恵山にかけては、「砂漠化」はなく、マコンブ、ウニの産地になっている。ここには、山林が沿岸まで迫り、河川水や多くの沢水が流入している。つまり、河川や沢水の流入と「砂漠化」問題は関連していると考えられるのである。

「砂漠化」が認められない道東の河川水と海域（数キロメートル沖）について調べてみると、いずれも鉄がきわめて高濃度であった。これは森林というより沿岸部に多い湿地帯によるものと考えられる。この湿地帯は森林の腐植土と同等の機能を有していると考えてよい（実は水田も同様の機能を有しているものと思われる）。

一方、日本海側の河川水中の鉄は道東に比べたら一ケタ低かった（一リットル当たり数十マイクログラム）。また、海域について見ると、「砂漠化」地帯の鉄は外洋に匹敵するほど低い（一リットル当たり〇・一マイクログラム以下）。「砂漠化」が進んだエリアは、鉄がほとんど存在していないのである。そこで、前述のように、光合成に不可欠な鉄が供給されていないことが「砂漠化」の原因ではないかと仮説を立て、鋼鉄製の礁を海域に沈め、鉄イオンが供給されるようにしコンブが繁茂したが、二年目以降、石灰藻が礁に着床し有用海藻は繁茂しなくなってしまった。

実は、石灰藻上にコンブなどの海藻が生育できないのは、着床したコンブの胞子を殺す物質を石灰藻が排泄しているからである。そのことも実験で立証することができた。石灰藻も光合成で生きているため、海藻に覆われると、太陽光が遮られるので、生きていけないのである。要するに、生物界の生存競争なのだ。

鉄に石灰藻の拡大を防ぐ効果はないことがわかったが、これがわかるまで一〇年かかった。その後、さまざまな元素や化学物質を用いて試行錯誤を繰り返す中で、腐植物質が石灰藻の胞子の成長を妨げることがわかった。石灰藻の主成分は炭酸カルシウムだが、その胞子に腐植物質を添加すると、炭酸カルシウムの結晶の形成を阻害し胞子が死滅する。腐植物質を加えないと胞子は成長する。この発見は一九九八、九九年に国際誌に掲載された。

つまり、石灰藻は海藻を駆逐するが、その石灰藻が拡大し「砂漠化」が進行している背景には、腐植物質の減少という事態があるのではないかという推測が可能になる。沿岸海域への腐植物質の供給源は、陸にある山であり森林の腐植土層である。植物プランクトンへの鉄の供給において重要な役割を果たしていた腐植土がここでも大事な役割を果たしていることがはっきりした。

たとえば、宮城県の気仙沼湾ではカキやホタテの養殖が行われているが、これらを成長させる栄養素の供給源を、三年にわたって調査したところ、気仙沼湾に流入している大川という河川に起源があることが、科学的に証明された。一方、気仙沼湾から四〇キロほど南にある雄勝(おがつ)湾の沿岸も同じようにリアス式海岸なのだが、石灰藻に覆われ「砂漠化」している。雄勝湾にはある時期から河川水が流入しなくなっていたこともわかった。この二つのエリアの比較は、「海の砂漠化」問題と河川が運ぶ陸地起源の腐植物質の深い関連性を端的に示していると思う。

森についていうと、日本の森林面積は減っているわけではない。だが、森が手入れされず放置されているのである。よく知られるように日本の企業は一九六〇年代以降、外国産の安価な木材を輸入して使うようになった。日本の国土に占める森林面積の比率は決して低くないのに、その森に育っている樹木を使わなくなり、森林の手入れに予算も人手もかけなくなってしまったのだ。特に間伐（成長過程の森で一定の数の木を間引きし、残した木の成長を促す）をしなくなってしまった。

間伐をすると太陽光が地表にまで届きやすくなる。その結果、下草が成長し、腐植土が形成されやすくなるのである。すでに述べたように、枯葉や枯れ枝、あるいは動物の遺体などが、地中の生物に食べられたり微生物によって分解され、さらに発酵したり化学反応を受けたりして形成される、さまざまな有機化合物の集合体が腐植土である。雑木林などでよく見られる黒っぽい土が腐植土だ。樹木だけでなく下草が繁茂すれば、腐植土の起源であり、あるいは腐植土形成に関与する存在である動植物は、より豊かに繁殖・繁茂する。結果的に腐植土形成が促される。間伐され手入れされた森に入ったことのある人なら、端的に理解できることだろう。

私が、長年にわたり「砂漠化」の要因について調査・研究してきて、どのように「砂漠化」に対処すべきと考えているかを（四）で述べる。ただその前に「砂漠化」の要因といわれてきた（そしていまでもいわれている）、根拠の薄いさまざまな議論への批判的検討もせざるを得ない。

（三）根拠に疑問の残る「対策」

いわゆる〝磯焼け〟対策としてこれまでどのような事業が行われたか、北海道新聞に掲載された記事の検索結果を要約すると以下のようである。

◎〜二〇〇三年頃まで…海藻の胞子を着床させるためなのか、砂漠地帯にコンクリートブロックを投入。またブルドーザーで石灰藻を削り取ったり海底爆破も。

◎二〇〇三〜二〇〇七年頃…砂漠化の要因は〝ウニによる食害〟だとしてウニを駆除。岩をフェンスやネットで囲み、ウニの侵入を防ぐなどのことが実施された。

◎二〇〇八〜二〇一〇年頃…磯焼けは〝海藻類の成長に不可欠な窒素、リン不足のため〟として、魚かすなどの肥料を海中に投入。

◎二〇一一年〜…魚かすに間伐材のチップを加え、発酵させ海中に投入。但し、唐突に間伐材や木材チップを加えた説明は一切なし。

コンクリートブロック投入

コンクリートブロックの投入が、いつごろから実施されたのかは、不明である。しかし、私が現役の時、日本海で観測していると、あちこちの海域で、石灰藻に覆われ真っ白になった巨大なコンクリートブロックが見られたから、一九八〇年代には、あちこちの沿岸で実施されていたのではないか？　石灰藻が育てばそこに海藻が広がることはできない。「磯焼け」の原因も「砂漠化」現象も探求しないで無駄にコンクリートと労力を使ったわけだが、政策が科学的な探求をふまえずに立案・執行されるとどうなるかを示している。

さらに、爆薬を使って石灰藻を除去する試みも行われていた。爆破により石灰藻が死滅したか、石が表裏逆転し、石灰藻に覆われていない裏側が表面になった石には、コンブの胞子は着床し成体になるから、コンブは繁茂する。

なお、石灰藻も光合成生物のため太陽光が不可欠だが、石の裏側には太陽光があたっていないから、石灰藻は生育していない。

爆破で死滅した石灰藻は、コンブの胞子を殺す物質を排泄しないから、死滅した石灰藻上に着床したコンブの胞子は、成体に生長する。しかしながら、二～三年目には再度石灰藻に覆われるため、元の木阿弥となってしまう。

先述したＮＨＫの番組で紹介されていたが、青森県佐井村の漁業組合は水産会社などから資金を寄付してもらい、集まった五〇〇万円で海底爆破を行った。一般にテレビ局は爆破を放映するだけで、一年後まで追いかけて取材することはほとんどないが、この時ＮＨＫは一年後も追いかけて、爆破した海底を撮影していた。爆破後の石にはコンブが繁茂していた。一年は爆破の効果があったといえる。ところが二～三年後には、岩は再度石灰藻に覆われた。その後、爆破は行われなくなった。一度の爆発で、数十年もコンブが繁茂するのなら、十分採算はとれるが、数年では元はとれないからである。

このとりくみは、石灰藻の除去に意味があることを示唆する結果だったといえるが、数年で石灰藻が復活するのはなぜなのかという問題も提起している。その点を探求した政策・行政関係者はいたのだろうか。

そう、「砂漠化」の要因を解明しないと意味がないのだ。無駄金になった漁師は気の毒である。誰の責任だろうか。

ブルドーザーによる石灰藻の剥離も行われた。これも爆破同様、一年目だけの効果にすぎなかったから、継続しなかった。

コンクリートブロックの沈設費用がどのくらいだったかは不明だが、国、道、市町村にとって、その予算額は小さくなかったと推測される。陸の建設会社は潤ったかもしれないが、漁師にはほぼ何の恩恵もないから、漁師の生活は苦しいままだ。

ウニによる食害説

次に、二〇〇三年頃から〝ウニによる食害〟がいわれ始め、ウニの除去事業が行われた。主な費用の出所はコンクリートブロック同様、国、道、県、町、村であった。

このころから、磯焼けの要因として〝ウニの食害〟説が主流になり、現在も主張されている。これはたぶん、著名な海藻専門家が言い出したのだろう。新聞によると、ウニを駆除したら海藻が繁茂した、あるいはネットやフェンスでウニの侵入を防ぐ（要するにウニの駆除と同じ）といった内容が数多く報道されている。新聞社の許諾をとる煩を避け記事の掲載は控えるが、しばしば報じられているので見たことのある読者も少なくないだろう。

たしかにウニは海藻を食べる。しかし磯焼けの原因がウニだとすると、ウニが極端に増えるなどしてその海域の海藻を食べつくし、その後も海藻胞子の着床を許さないくらい食べ続けているということになる。しかし、北海道では、そんなにたくさんウニが増えたということも、食べる量が増えたということも聞いたことがない。

そして、たとえば北海道の日本海沿岸はその後も、北から南まで「砂漠化」したまま、石灰藻に覆われたままである。駆除は北海道日本海の各地で実施されており、人の力で行う作業である。費用は巨額であったのではないか。駆除によってコンブなどの海藻が繁茂したのなら、同じことをなぜ何度も行うのか、これも不思議だ。つまり、ウニの駆除には効果がないこと、「ウニの食害」説は妥当ではないことを事実が示しているのだ。ここでも国や行政は無駄金を使ったといわざるを得ない。

また、岩のウニを駆除した後、ウニの侵入を防ぐため網や柵（フェンス）で岩を覆う事業も行われていた。こんな事業を考える人は、現場を見ているとは思えない。平坦な場所なら、柵でウニの侵入を防げる。しかし、海底はさまざまな大きさの石があるため、海底はデコボコ、そんな海底に設置しても、ウニはどこからでも侵入する。本当に優秀な研究者か官僚が考えたことなのだろうか。

「ウニの食害」説に似たような税金を使う調査について、本州の閉鎖系湾の汚染状況などの調査は、県などの水産研究所などが行っているのに、民間のコンサルタント会社が同じような調査をしている。税金の無駄遣いと思われる環境調査などは、全国で行われているようだ。官僚や役人などが、環境コンサル会社にも再就職しているからではないだろうかと邪推してしまう。

私は、長年の調査・研究から、石灰藻に覆われ、「砂漠化」した石や岩盤に、コンブなどの海藻が繁茂するとは信じられない。繁茂するには、石灰藻に覆われた石を反転するか、石灰藻に覆われた石の上に自然石かコンクリートブロックを沈設したか、どちらかだと思う。その科学的根拠は先に述べたが、さらに詳細をこの節の後半で述べる。

肥料（窒素、リン）の投入

「ウニによる食害」説では、説明できなかったためなのか、いつごろからか、「ウニの食害」を主張していた研究者が、今度は海藻の成長に欠かせない海水中の窒素、リン（栄養塩）が不足しているからだという説も言い始めた。これまで、さんざん「ウニ食害」説で、多額な税金を使っておきながら、唐突に栄養塩不足とは。

私は、研究者なら、「食害」説は間違っていましたと、反省の弁を述べるべきではないかと思う。しかし、その後、研究者、国、地方も、「食害」説は間違っていましたとは言っていない。つまり、まだ「食害」説は継続している形になっている。

栄養塩が不足なら、魚介類の餌の原点である植物プランクトンは増殖できず、日本海沿岸の魚介類は生存できないことになる。また、石灰藻が石や岩盤をすきまなく覆っているわけではなく、直径数センチくらいの石灰藻未付着個所が時折存在している。

石灰藻がまだ付着していない個所に着床したコンブの胞子は成体に生長し、春には無数のウニがコンブに群がっていた。つまり、栄養塩不足でコンブが生育できないということではない。

著者は長年「砂漠化」した地帯の日本海、海藻地帯の函館から戸井町方面（津軽海峡側）の観測・研究を行っており、窒素、リンなどの栄養塩やクロロフィルａ（Chl.a 植物プランクトン量）の測定も行った。「砂漠化」地帯の栄養塩、Chl.a は海藻地帯の五分の一〜一〇分の一と低いが、Chl.a は一リットルあたり一マイクログラムは存在していた（二四ページの図1−1参照）。つまり、「砂漠化」海域の栄養塩は低濃度だが、植物プランクトンや海藻などの光合成生物が生育できる環境下にあるのだ。

窒素、リンの具体的な投入方法だが、発酵させた農業用肥料や魚の残渣などを海に投入した。新聞社は追いかけ取材をしていないから結果は不明だが、次に述べる魚残渣に間伐材のチップ混入に変化していることから推測すると、窒素、リンだけでは海藻は繁茂しなかったと思う。「砂漠化」しているとはいうものの、先に述べたように植物プランクトンが生育できる環境であり、窒素、リンが不足しているわけではない。

沿岸海域は陸水の影響を受けているのに、陸は全く眼中にないようだ。

肥料と間伐材チップの投入

窒素、リンの投入では海藻は繁茂しなかったからか、何の説明もなく唐突に間伐材や木材チップを魚残渣に混入して海に投入しているという報道もあった。この成果も不明だが、間伐材から腐植物質がつくられているのなら、海藻が繁茂する可能性は高いと思われる。

この事業を推進するための税金は無駄ではない。同時に、陸に植林する漁師を援助すれば、生きた税金の使い道である。

「砂漠化」に海藻を再び繁茂させるこれまでの事業について記述したが、どれほどの税金が使われたのか、私は詳細を知る立場にない。だが、どれも多くの人と労力をかけてせざるをえない行動であり、それを一〇年以上、事業によっては数十年行ってきたことを考えると、人件費を含め、決して小さい金額ではすまないはずだ。読者の皆さまもご推測ください。

ウニの食害説では砂漠化は説明できない

「ウニ食害」説は今でも流通していて、全国的にウニの駆除が行われている。この問題に戻ってもう少し考えてみよう。

本州で駆除しているウニはガンガゼ（写真1－6）という種で、棘（とげ）が数十センチもあり、棘には毒があるから、刺されると数日間は痛みがとれない。このウニは太平洋側では、房総半島より南、日本海側では、男鹿半島より南の暖かい沿岸で生育している。したがって、青森県や北海道には生育していない。北海道でのウニの駆除は、主にキタムラサキウニを意味している。

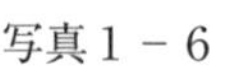

写真1－6　ガンガゼ

砂漠化した石や岩盤から、ウニを駆除したらどうなるか。ウニを駆除してもコンブなどの海藻は繁茂しない。なぜなら、先に述べたように石灰藻が海藻の胞子など、着床する物質を殺す物質を分泌しているからである。

一般に、沿岸海域の石や岩盤、船底には無数のフジツボ、牡蠣などが着床している。しかしながら、石灰藻に覆われた石や岩盤には、これらの遺物は全く着床していない。表面はすべすべである。フジツボなどの幼生も石灰藻上に着床すれば、コンブの胞子同様、殺されるものと思われる。

国内では、石灰藻に覆われた岩や岩盤で海藻が生育しない要因を、「石灰藻上で発芽したコンブの芽をウニが食べるからだ」という海藻の専門家が多数いた。現在もいるだろう。これは、「砂漠化」問題を織り込んだ「ウニ食害」説のバリエーションともいうべき議論で、海中の岩や礁を石灰藻が覆っているように見えるのは、そこに育ち始めた海藻をウニが食べたからであるというものだ。率直にいって、現場を見ていない人の発言だと思う。コンブなどの海藻の胞子が石灰藻上に着床しても、先に述べたように、石灰藻が分泌する物質によって殺される。したがって、胞子が存在してないから、芽に生長するはずがない。

半世紀前の日本海には、ウニ、アワビが多くて、素足で海に入れなかったといわれていた。さらに、安全かつ安価の冷蔵庫、冷凍庫がなかったから、家で食するだけのウニ、アワビを採取していた。それゆえ、アワビ、ウニ、海藻の共存は、何百年前から半世紀前まで延々と続いていたのだ。ウニが海藻を食べつくすのなら、何百年前から石灰藻が石や岩盤を覆って、コンブなどの海藻は生育していなかったのではないか?
冷蔵庫、冷凍庫が安価になったため、漁師は収入になるウニ、アワビを大量に漁獲した。このため、資源は激減し、その頃(昭和三〇年代後半頃)から「砂漠化」現象が顕著になり始めた。「ウニ食害」説に立つなら、ウニが減ればウニの食べる海藻も減り「砂漠化」する面積も減るはずで、にもかかわらずちょうどその頃から「砂漠化」が顕著になったことは、説明できない。

海藻が消滅すれば石灰藻が石や岩盤を覆うというようなことがあるのだとすれば、それはなぜなのか。その科学的根拠は何か。その根拠を私は知りたい。「海藻が消滅すると石灰藻に覆われる」と言っている学者は、その根拠を示す責任があるのではないだろうか。

あるいは、大阪湾、伊勢湾、東京湾、函館湾、瀬戸内海などで、海藻が生育していない石や岩盤は石灰藻に覆われているか? いないのである。こうした事象についても、合理的な説明を示してほしいと考える。

念のため、仮に、石灰藻の分泌する物質によって、海藻などの胞子が殺されないとして、そういう場合にどんなことが予想されるか考えてみよう。冬の日本海では、凪(なぎ)の日は月に数えるほどしかない。数トンの石を岸まで運ぶし、数十トンの消波ブロックを動かす、巨大な力を持った波と風が吹き荒れているのだ。

ウニは低水温と大荒れの海では、岩から飛ばされないように、また体力を維持するため動かない。凪の時に、多少有機物が含まれている硬い石灰藻をかじって、生命を維持しているか、数か月の間、何も食しなくても生きられるようだ。

人間でも台風のような強風が吹いている時、まず風で飛ばされないことを考え、食べ物のことは考えないのと同じではないか。海水温が摂氏一〇度になるころには、春が訪れ、荒波もなくなっているから、餌を求めて動き始めるのだ。室内の水槽で摂氏五～六度になると、ウニは海藻を食する実験を報告した例もあるが、荒波で流されることもない水槽実験と、荒波の現場と同じにしてはいけないだろう。

つまり、冬の日本海では、石灰藻に覆われた岩などがある海域で、ウニは海藻を食べず、活動せずに生きていると考えられる。だとすれば、少なくとも冬場の日本海では海藻が繁茂し、「砂漠化」は起こらないことになる。はたしてそんなことが起こっているだろうか。北海道の日本海側では、春夏秋冬、区別なく「砂漠化」が進んでいることは周知の事実である。ここでも「ウニ食害」説は、合理的な説明を与えることができない。

道南の戸井から恵山方面、江差の漁業協同組合（北海道では「漁組（ぎょくみ）」という略称で呼ばれる）、ウニを一人の漁師が五〇キログラムも採取するから、一漁組で数トンにもなるが、採取する時間制限をしている。「ウニの食害」説に立つなら時間制限をする必要はないのではないかと思う。また、水深一〇メートルより深い場所にいるウニを潜水士が採取して、一〇メートル以浅に移植している。漁師の竿は一〇メートルの長さだから、採取出来るように移植しているのだ。「ウニの食害」が問題なのだとするなら、移植などせず採取してしまえばいいのに、なぜそうするのだろうか。

さらにいえば、ウニ種苗生産センターは北海道で何か所も存在するが、ウニが増えて、海藻がなくなるのなら、稚ウニを放流したらいけないのではないか。つまり、稚ウニの種苗センターは不必要ではないのか。こうした疑問にも「ウニ食害」説に立つ研究者は答える責任があるのではないだろうか。

（四）石灰藻が覆う要因と人間の社会

日本海でも、海藻が繁茂している海域がある。石狩湾には稚魚を放流したニシンが沿岸に来遊し、群来（くき）（オスの精子）で海面が白く濁っている。ニシンは海藻に産卵するが、石狩湾には石狩川という大河川（河口の川幅は一・五キロメートル）が流入しており、湾には海藻が繁茂している。

さらに、日本海側の河口域では、石や岩盤に海藻が繁茂しているし、海藻が繁茂してなくても石灰藻の着床はなく、陸にある石のままである。北海道日本海側の瀬棚町を流れる後志利別川の河口から数一〇〇メートル沖に、岩礁があり、そこにはコンブなどの海藻が繁茂している。漁師は「砂漠」地帯のウニを取って、そこに放流していた。

また、江差の五月は江戸にもないといわれ、ニシン漁で賑わった江差の沿岸では、漁師一人、一日五〇キログラムのウニを採取、年間では数十トンを漁獲している。沿岸の道路からでも、岸からおよそ五〇メートル沖に設置されている防波堤までの海域は海藻で黒く見える。漁師は海藻が多いから、ウニを船から水中眼鏡で探すのが、大変だと言っていたが、それだけ大量のウニの餌が繁茂しているのだから、探すのが大変と言っては罰が当たると話していた。

天然コンブの消滅は、海水温が高くなったためともいわれているが、天然コンブと同じ海域で養殖が行われているのだ。水温が高くなったのなら、なぜ養殖コンブが可能なのか？　説明できるのだろうか。また、海水温の高い対馬暖流が流れている日本海の松前小島、奥尻島（西岸）になぜホソメコンブなどが繁茂しているのか？　そもそも「砂漠化」の要因が海水温上昇なら、北海道の日本海側の冬季海水温は、九州よりも五度は低いのに、なぜ北海道から「砂漠化」が進んだのか。

私は長年、陸、沿岸海域を調査・研究してきた体験から、漁港などの工事による河川水の流れの変化というものを感じてきた。工事の規模にもよるが、漁港が建設されると、港内に流入した河川水の流れが変わり、河川水の影響する港内ではコンブが生育し、河川水が遮られた外側は「砂漠化」している。

陸では、森林伐採が一番顕著に海の生物に影響するが、ダム、道路建設、防潮堤も水脈を遮断し、森林伐採同様に海の生き物に影響をすると思われる。一般に、道路工事などで水脈が遮断される、と考えるのが常識ではないか。

北海道でも山の斜面に道路が新しく建設された場所もあるが、水脈の遮断により、腐植物質の流入が減少し、天皇に献上したという、高級マコンブ生育の岩場に影響するだろう。つまり、「砂漠化」し高級マコンブの水揚げが減少するのではないかと、私は思っている。

宮城県、福島県、岩手県の太平洋側四〇〇キロメートルにわたり、東日本大震災の後、大きな防潮堤が建設された。その建設が海に影響を与えるのか否かについて、既に防潮堤

写真1－7　津波後に造られた奥尻島の防潮堤

が建設されている奥尻島を、テレビ朝日と共に、二〇一三年に訪ねた。島は一九九三年の北海道南西沖地震で巨大津波に襲われたため、奥尻島東岸のみに最高一一メートルの防潮堤が、一四キロメートルにわたり建設されていた（写真1－7）。

防潮堤に沿った岩場は、真っ白で石灰藻に覆われ写真1－2のように「砂漠化」していた。二〇一三年の調査でお世話になった漁師の林清治さんに、現状をお聞きした。

防潮堤が建設された東岸では、「砂漠化」しているから、林さんは西岸でウニ漁をしているとのことであった。西岸はブナ林などの樹木が生育しており、多数の沢水が海に流れ込んでいる。なお、アワビは夜行性のため、明るい所を嫌い、日中は岩の下などに潜んでいるアワビを、漁船から採取することは困難であるが、コンブなどの海藻に隠れているアワビは、船上から採取可能だと話していた。本州でのアワビ、サザエ、ウニ漁は、海女などが潜って採取しているようだ。なお、海女が海産物を採取している国は、日本と韓国だけである。

先の南西沖地震は二二時ごろに発生したが、私は翌日早朝から大成町で観測する予定で、奥尻島の対岸の乙部町（大成町から約三〇キロメートル）の宿に泊まっていた。仮に、地震が半日遅れて発生していたら、大成町の海岸で調査していた私は、一〇メートル以上の津波にのみこまれ、海の藻屑になっていただろう。

また、山奥での河川の採水では、ヒグマに出くわす危険もあり、命がけの研究であった。そんな危険を背負いながらの研究論文は、人生そのものである。価値ある論文を書いている研究者なら、誰もが同じ思いだろう。

一〇年程前から、牡蠣のシーズンになると、テレビ記者が牡蠣漁師に、この牡蠣は美味しいですかと質問すると、漁師は河川水と海水が混合する汽水域で養殖しているから、川の豊富な栄養を植物プランクトンが摂取し、そのプランクトンを牡蠣が取り込んでいる。それゆえ、最高に美味しいとの話をしているのを聞いて、我々の研究の成果が漁師まで浸透しているのを知って、私や北大生も苦労したかいがあったと思っている。

岩や岩盤が石灰藻に覆われる要因は、ウニによる食害説を海藻の専門家が唱えているが、海藻類の生育環境、特に化学環境の勉強をしているのだろうかと、はなはだ疑問に思っている。

なお、ここ一〇年位前から、天然コンブの水揚げが激減しているとの報道がなされているが、石や岩盤を見ればその要因はわかる。ウニが異常に増殖したとは聞いていないから、「砂漠化」したのかもしれない。

著者が現役の頃、石灰藻が拡大している原因はウニによる食害説が主流であったが、先に記述したように食害では説明できないから、海藻の専門家に科学的な解明を提案したことがあった。が、専門が異なる私は異分子扱いされた。

東京電力福島第一原発であの重大事故が起きた後、電力会社や原発メーカー、関連業界などが、原発の新増設で利益を確保しようとする、一種の共同体「原子力むら」をつくっていることが世の多くの人の知るところとなった。そこには、国が原発政策を推進するために「原発は安全だ」「原発は効率的だ」という言説を「科学的」に論じる一部の研究者も含まれていて、そうした言説に批判的な研究者や研究を議論から締め出してきたことも告発された。

〝磯焼け〟や石灰藻の対策を、さまざまな立場から研究すべき時に、上記のような対応をされた私は、それを思い起こすと、「原子力むら」と全く同じというつもりはないが、それと似た要素が、この領域にもあるのかと感じて落胆させられる。

自分たちの学説とは異なる学説を、学術的議論から締め出すような一部研究者のあり方は、科学とは逆のものだ。科学と真理に忠実ではなく、研究者間の交流・議論にオープンではないという意味において、「原子力むら」とある種の共通点を持つ、「海藻むら」ともいうべき人々がいるようにも思えてしまう。

これでは、石灰藻拡大の要因の解明などおぼつかない。生き物は環境に支配されているのに、その環境の専門家を敵視するのでは、何のために学問を探求する大学にいるのか、と思った。

昨今、異常気象だといわれているが、ウニの世界も気候同様、異常に増えることがある。最近、異常に増えたウニ（ムラサキウニ）も駆除している町がある。三浦半島にある葉山町の海岸で、ウニが異常に増え、海藻を食べたため〝磯焼け〟に変貌した。しかし、ここは石灰藻に覆われているわけではなく、岩や岩盤は自然石のままだから、ウニを駆除すれば再び海藻は繁茂する。行政がこの現象をなぜ放置したのか、疑問である。

たとえばだが、漁師からウニ一個一〇〇円か二〇〇円で買い上げれば、海藻は消滅しないですむし、漁師も生活や漁に使う費用の一部にそれを充てることができる。大金を使わない賢い税金の使い道ではないか。

インターネット上にアップされた、あるいはテレビでウニを駆除した岩や岩盤の写真や動画を見ると、そこが石灰藻に覆われているか、覆われていないかがわかる。これを見れば、そこに海藻を再生できるかどうかの判断は可能である。

たとえば私が確認しただけでも、再生可能な地名をあげると次の通りである。大分県佐伯市、大分県国東市、長崎県神浦夏井町、長崎県福江島東部の崎山地区、富山県大尾海岸、富山県朝日町、石川県七ツ島、新潟県粟島、静岡県西伊豆、神奈川県葉山町など。

一方、石灰藻に覆われ砂漠化した次の地域は、石灰藻がなぜ広がったのかを視野に入れないまま「対策」を講じたとしても、海藻の繁茂は難しいと思われる。京都府舞鶴市、富山県魚津市、静岡県沼津市、岩手県洋野町、岩手県大船渡市、岩手県釜石市から宮城県女川町、青森県佐井村など。なお、市、町、村、地区と記述したが、北海道の日本海側のような、南から北までのほぼ全域ではなく、ごく一部だと思う。

本州では、バフンウニ、ムラサキウニ、アワビ、サザエなどは高価で漁師が漁獲するため、資源量は減少している。一方、駆除されなかったガンガゼは、海藻を食する競争相手が減少しているから、当然増え続ける。この駆除は論理的にも誰もが納得できる事業である。

また、ブダイ、アイゴなど暖かい海域に生息している魚が、海藻を食するといわれている。暖かい海流の流れている東北より南の県ではこれらの魚による食害であることが明らかなら、駆除すればいいのではないか。一匹数千円で行政が漁師から買い上げれば、やはり漁師にとっても駆除する甲斐はあるだろう。

農協同様、漁組もほんとに漁師のための組合なのか、疑問に思える組合も存在する。漁組が統廃合される以前では、その土地で生まれ育った職員が大多数であったから、愛着ある街と漁師のために仕事をしていた。しかし、統廃合後は、職員の移動があり、遠方の人間が職員になっているから、その地の漁師との関係は希薄、漁師よりも援助を受ける県、道、府に顔を向けているようだ。これでは、漁師を生業(なりわい)にしようとする若者もいなくなるだろう。

さて、このようなこともふまえて、「砂漠化」が広がっている現状のもと、元の海を完全に回復したりすることはできないにしても、私たちは今後どのように考え、行動していくべきだろうか。半世紀前、全国どこでも河川の水量は多く、それが河口から海に注ぎ、広範に沿岸海域を覆っていた。腐植物質を多く含んだ河川水である。それが、石灰藻が広がるのを防ぎ、昆布やワカメなど、その他の海藻を繁茂させる土台になっていたと私は推測している。その状況を復活させるには、河川水、それもただの水ではなく腐植物質が豊かに含まれた河川水の復活が必要ではないか。それはとりもなおさず、山の森(とくに河川流域の)を再生させることが必要だ。

この章に述べたことの詳細は、巻末の関連・参考図書の拙著を、さらに興味ある方は、原著論文、Matsunaga,K. et al. もご覧ください。

コラム1　食料自給率三八パーセントの日本

世界では八億人の人が飢えで苦しんでいるが、ロシアのウクライナ侵攻により、ウクライナ産小麦の輸出が妨げられ、さらに多くの人々が苦しめられることになる。そもそも気候変動により、豪雨や猛暑、旱魃が頻発し、世界の農業生産が混乱させられてきた中で、ロシアによるウクライナ侵攻という事態である。食料生産の減少、主に小麦の食糧流通が妨げられているわけだが、三八パーセント程度しか食料自給率がない日本にとっては、これだけでも深刻なうえ、国力が低下し、円安が進むもと、他国からの食料を輸入できなくなる日が来るのではないか。

食料難の時代が来た時、国民の食料確保を政治家は考えているのだろうか。

当然のことながら、いくら自動車を生産しても、車は食料の代わりにはならない。

一九九一年にフィリピンのピナツボ火山が噴火し、成層圏まで噴き上げられた噴煙が地球全体に拡散、その影響で一九九三年、日本も冷夏になり、米の不作に陥った。米は不足し価格が急騰した。「平成の米騒動」などと言われている。この時日本は、主にタイ国からタイ米（インディカ米）を輸入した。こうした経験を忘れてはいけない。

今後、食料不足がどんな災害、どんな事態のもとで起こるかはわからないが、地球温暖化は食料不足に拍車をかけるだろう。日本が食料不足に襲われるということは、あまり想像できないかもしれないが、そういうことが起こりうるという意識を持つことが大事ではないか。本書では沿岸漁業の再生や温暖化対策という観点から、この食料問題に関することを少し述べたが、さまざまな分野の専門家が知恵を集めるべき課題だと思う。

たとえば、食料（魚介類）にも大きく関係する、海洋でのプラスチック汚染が大問題になっている。特に五ミリメートル以下のマイクロプラスチックが魚などに取り込まれ、人間にも蓄積しているようだ。

個人ができることは、プラスチック製品を購入しないことであるが、多くの商品、その梱包、弁当箱などは、プラスチックが使用されているから、個人でできることは限られる。世界中が、プラスチックの代替品に変えるか、微生物による分解可能な、生分解性プラスチックに転換するしか方法はないように思う。この問題を専門に研究されている方の著書などを、巻末の関連参考書に記載しましたからご覧ください。

3　干潟（魚介類などの生き物の宝庫）

諫早湾の締め切り

砂粒も大きさによっていろいろある。粒径が二ミリメートル以上を礫（れき）、二〜〇・二ミリメートルを粗砂、〇・二〜〇・〇二ミリメートルを細粒、〇・〇二〜〇・〇〇二ミリメートルをシルト、それ以下を粘土に分類する。伊勢湾には大小の干潟があり、私が育った四日市の海岸は、細粒以上の粒径で構成されている砂質干潟だった。

子ども時代、春になると潮干狩りでハマグリ、アサリ、マテガイを採取したが、二枚貝のマテガイは長方形型で、砂質の穴に潜んでいた。満潮になると、水管を水中まで伸ばし、プランクトンを餌にしていたと思う。

父親に砂質の空いている穴に塩を入れると、マテガイが飛び出してくると教えられ、実行したら本当に貝が飛び出してきた。当時は、なぜ塩を入れると飛び出してくるのかはわからなかったが、マテガイが塩分に敏感な貝だったことはわかった。

後述するシルト・粘土が主成分の泥質干潟は、人が素足で歩くことは困難であるが、砂質干潟は素足で貝の採取ができたから、楽しい一時を過ごすことができた。伊勢湾の四日市市近辺の海岸は、著者が中学から高校時代に石油コンビナート建設のため埋め立てられたが、四日市市の隣の川越町を流れる朝明川河口に、小さいながら干潟が今でも残されていた。それを見た時、砂漠でオアシスに出会った感動を覚えた。

私が、子どものころに楽しんだ海岸は埋め立てられ、いま、子どもたちは海で泳ぐこともできない現状にある。埋め立てがよかったのか否かの答えは難しいが、目の前に海があるのに、自然と親しむこともできない子どもたちはどのように思っているのだろうか。

諫早湾干拓事業により、一九九七年に「ギロチン」(合計二九三枚の鋼板による全長七キ口におよぶ潮受け堤防が海中に刺さるように落とされる様子がギロチンのようであることから）と呼ばれた方法で、湾は締め切られた。その現状を見るために、佐賀県の有明海に出かけた。

伊勢湾の干満差は二メートル程度であるが、有明海は六メートルにもなる。干潮になると肉眼では何キロメートル先かもわからないはるか遠くまで干潟が続いていた。これだけ広大な干潟をかつて見たことはなかった。この干潟は泥質干潟で、砂質干潟のように素足では入ることは不可能であった。足は干潟の深くまで潜ってしまい、足を抜くことは困難であった。この干潟には、ムツゴロウ（写真1－8）、タイラギ、マテガイなど多くの魚介類が生存しているが、これらを漁獲するには、幅広のスキー板のようなガタスキーがないと干潟には入れない。

写真1－8　ムツゴロウ

このような干潟に樹木が生育しているのが、後述するマングローブである。熱帯、亜熱帯の汽水域で生育する常緑樹の群落か、そこで生育する樹木の総称がマングローブである。有明海の泥質干潟とマングローブとの相違は、後者は樹木の根が張り巡らせられているため、根の上を歩ける点にある。上を歩けない泥質干潟との根本的な相違だ。

諫早湾の干拓事業は一九五〇年ごろ、食料難のために水田にする計画としてもちあがった。その後、日本は工業立国に変貌し、食料の輸入も容易になった。そこには今日の自給率低下につながる問題もあったが、その問題はここでは措くとして、当時ともかくも食料難は解消した。であれば、干拓事業の必要性はなくなったため、中止すべきであったが、日本では一度決めた公共事業を中止することをほとんどしない。

官僚は知恵をしぼって（気の毒に思うがそれが彼らの仕事である）次の建設目的を考えた結果、水害防止、塩害防止に目的を変更し、事業を続け、一九九七年に「ギロチン」で湾を閉め切ったのだ。

三重県の長良川河口に建設した河口堰も、最初は主に工業用水が不足するという名目であったが（建設計画は一九六八年）、工場は使用した水を循環させる技術が進歩したため、堰の必要性はなくなったにもかかわらず、目的を水害防止に変更し所期の目的——河口堰の建設それ自体という意味であるが——を一九九四年に達成した。

だが、生産人口が減少する今日、動物性タンパク質が豊富でより容易に食料を獲得できる干潟をなくす事業は、将来悔いを残すことになるだろう。政治家も官僚も先のことは頭の片隅にもないようだ。大規模な公共事業は、それを受注した土木建設業者には一時の収入源にはなるだろうが、それによってこれからの日本人の食料確保に不安を与えることは問題で、本来、大所高所に立った判断が求められるはずなのに、である。「今さえよければいい」のだろうか。

生き物の宝庫、汚水の処理場

干潟は生き物を育てる場でもあるし、大規模水浄化場に匹敵する機能も有している。海水中の粒状有機物の起源は、家庭からの雑排水か光合成により海で生産されるプランクトンである。干潟は微生物、ゴカイ、カニ、魚という多様性に満ちている。

家庭雑排水に含まれている粒子状有機物は干潟に沈積するが、干潟の生き物が食するか、微生物によって植物プランクトンが利用可能な溶存のリン、窒素（アンモニア、硝酸塩）などに分解される。

栄養塩は植物プランクトンの増殖に利用され、さらに動物プランクトン、小魚、大型魚という食物連鎖で系外に運ばれるから、赤潮が発生する確率は小さくなる（赤潮発生について、第3章の4節に、干潟に樹木が生育している熱帯のマングローブも赤潮発生を防いでいる研究結果を示した)。

私の長年の経験から、陸や海に手を加えると海に何らかの影響がでる。潮受け堤防が建設されると、海水が滞留しやすくなる。河川、湖沼でも同じだが河川水が流れていれば、アオコ(淡水赤潮)は発生しないが、水が一週間も滞留するとアオコが発生する場合が多い。

海も同様、潮受け堤防が建設された諫早湾では、海水が滞留しやすくなり、赤潮が発生しやすくなったと思われる。死後の赤潮は潮受け堤防に沈積するが、底層の溶存酸素量よりも沈降量が多いと、酸素は赤潮の分解に消費され、底層の酸素がなくなる。その結果、底層は無酸素、低酸素状態になり、底層の生き物は死滅することになる。

有明海の漁業生産が激減しているが、底層の生き物がいなくなると、それらを食していた生き物の生存は困難になり、食物連鎖が断ち切られることになる。つまり、湾で生育している魚介類の減少に繋がる。

干潟は生物の多様性に富んでおり、泥土に穴を開けて生育している生き物(ベントス)が多数生育しているため、干潮になれば大気から酸素が穴の海水に溶け込み、満ち潮になれば、押し寄せた海水も穴に酸素を供給するため、無酸素、貧酸素状態にはならない。

干潟には酸素が十分存在しているから、渡り鳥の餌が十分存在するため、貴重な飛来地であると同時に何十億円もの汚染処理場に匹敵する、天然の汚水処理場でもある。

日本のみならず、世界でもこれ以上自然に手を加えると、人類が滅亡する確率は高くなるだろう。目的がころころ変わる公共事業は不必要だと考えるのが妥当である。わが国の公共事業については、国土交通省の役人が退職後に公益法人や特殊法人に天下りし、それらの団体が国と契約を結んで公共事業を進め、天下りした役人にも高額の報酬が支払われているというような構図が長年指摘されてきた。こうした天下りの「慣行」の弊害をなくせないものだろうか。たとえば退職官僚を公益法人などが採用したとしても、過剰な肩書を与えたりせず、給料を民間同様にするなど、可能だと思うのだが……。

諫早湾の場合、湾を閉め切る事業の目的は農地の確保だとされた。しかし、日本の農業は、生産者が右肩下がりで減っており、耕作放棄地は埼玉県の面積に匹敵する広大な面積に上っている。与党の政策としても米や牛乳の減産を農家におしつける政策を続けている。こんな状況にもかかわらず、貴重な有明干潟を埋め立てて農地にする意味があるのだろうか？

日本の漁師数は年間数千～数万人減少しており、二〇〇三年の二四万人から、二〇二一年の一四万人に激減している。漁師を増やすためではなく、減らすために血税を使っていては、今後、魚介類から動物性タンパク質を得ることは困難になるだろう。利権を目的とする「政治屋」にむらがる国民も悪いが、子どもや孫が不幸な国にならないように、清廉な政治家を選ばないと、国の将来は真っ暗だ。

泡瀬干潟の埋め立て、米軍基地の辺野古移設

一〇年ほど前、講演で沖縄を訪れ、埋め立て中の泡瀬（あわせ）干潟（沖縄市）に案内された。この干潟は生物多様性が豊かで、三六〇種以上の貝が生育している。埋め立ての目的は、海洋リゾート地を造ることであった。

この干潟には、小さな岩や岩盤があり、そこには昔から、アーサー、チヌマタ、イソスギナなどの海藻が生育していた。しかしながら、これらの海藻は枯死していた。新聞記者から、何故枯死したのかを聞かれた。私は、たぶん埋め立てから流れ出た微細粒子の粘土鉱物が、葉に付着したからだと返答した。

そう答えたのには根拠があった。昔、青函トンネルの掘削工事の折、何度かトンネルに入り、トンネルに浸水する水を採取したことがある。トンネルには、大量の水が流れ込ん

でおり、その水を海に放流していた。そんな時、漁師から放流された海域のコンブが枯死したことを聞いていた。あとで、枯死した理由は、放流水に含まれていたシルトや粘土鉱物が、コンブの葉に付着したからだとわかった。コンブは根から栄養素を吸収するのではなく、葉から吸収しており、根は波に流されるのを防ぐ役割だけだ。粘土鉱物が葉に付着してコンブは栄養を吸収できなくなってしまったのである。さらに、粘土鉱物が岩や岩盤に堆積すると、海藻の胞子は着床できないから、海藻は繁茂できない。

こうしたことを知っていたので、私には貴重な泡瀬干潟を何故埋め立てるのか、理解できなかった。干潟の外側はサンゴ群集が広がっている。海水が粘土鉱物により汚染されると、太陽光が遮られ、サンゴと共生している褐虫藻（植物プランクトン。宿主が出す二酸化炭素などを使って光合成を行い、光合成生産物を宿主に与える役割を果たしている）が光合成できなくなり、サンゴも枯死することになる。

泡瀬干潟のみならず、名護市辺野古の埋め立ても進行している。本州では海藻が、魚の産卵の場、稚魚の成育の場であるが、熱帯、亜熱帯では魚介類を育てる場は、サンゴ礁、マングローブ、干潟である。

にもかかわらず、新しい米軍基地を建設するために、希少野生動物のジュゴンも生育するという辺野古を埋め立てるとは。しかも、沖縄戦の激戦地で、多くの戦死者（戦没者）の遺骨が残っている土砂を埋め立てに使うという。これは、戦没者の冒瀆（ぼうとく）ではないか。人間の良心を完全に喪失している行為としか思えない。

サンゴ礁も水温が摂氏三〇度を超えると、共生している褐虫藻がサンゴから離脱するため、サンゴは死ぬ。これを白化現象というが、沖縄県でも白化が進んでいる。

近年の旱魃や異常な暴風雨によって、またロシアによるウクライナ侵略や円安などにより輸入食料価格が高騰し、日本人には食糧難の時代が迫っている。こうした時に、動物性タンパク質を得られる貴重な沿岸を埋め立てて、後悔するのではないか。

海の埋め立てに関しては、子どものころ、考えさせられる経験があった。私が中学生の時代に、郷里である四日市市の沿岸は石油化学コンビナート建設のため、埋め立てが始まった。級友の親の多くは漁師を生業としており、補償金をもらったが、自宅の新築をしたり、「豪遊」するようになったりして、数年で補償金を使ってしまった人も多くいた。

一方、コンビナート近隣の住民は石油の燃焼で発生する亜硫酸ガスにより、四大公害病といわれる〝四日市喘息〟病が急増した。私が大学生の頃、四日市に帰省すると、風によって運ばれてくる悪臭に悩まされたことを記憶している（四大公害病とは、水銀〔メチル水銀）による水俣病、新潟水俣病、カドミウムによるイタイイタイ病、大気汚染による四日市喘息病で、多くの国民が亡くなった）。埋め立ては高度成長に貢献したが、裏では国民が犠牲になったことを忘れてはいけないだろう。

コラム２　嘘がまかり通る社会、他人の事は無関心

多くの日本人が誠実に、他者のことを思いやりながら生きていることを承知の上で、あえていやな話を申し上げるが、近年の日本は、「嘘がまかり通る社会」、「自分さえよければ他人のことはどうでもいい」という言葉があてはまりそうなできごとが増えてきたような気がする。故人となったが、安倍晋三氏が総理に就任し、公文書の改竄（かいざん）や行政の私物化を重ねるようになって以来、国民の倫理観が著しく低下してきているように思う。

彼が「お友達」を優遇・保護したとみられる森友学園や加計学園の疑惑、「桜を見る会」のような公職選挙法違反にもなる疑惑などについて、安倍氏は何度も嘘をついて、責任をうやむやにしてきた。これを見た一部の国民は、嘘八百を並べれば罪や責任を認めなくてもよいことを学習してしまったのではないか。これは、人間の良心、倫理感、正義感、道徳感を喪失させてしまうように思う。

二〇二二年九月に、静岡県の認定こども園で園児が送迎バスに取り残され、熱中症で亡

くなる悲しい事件が起こった。送迎バスの窓ガラスにまで、ラッピングがされていたことも報道された。

車内に取り残された園児が叫んでも、ラッピングされていては、外から車内を見ることはできない。助けられる命を、ラッピングで助けられなかったように思う。

猛暑の折に、幼い子どもが車内に取り残されて熱中症となる例は今回が初めてではない。静岡で起きたような送迎バスの場合もあれば、自家用車の場合もあるが、いずれの場合も車内にいる子どもの状態を、保護する責任のあるおとなが認識・把握できていないことで起こっている。車内から幼子が叫んでも、密閉性の高い車から外にはなかなか声が届かない。だからこそ、静岡の事件では送迎バスが完全にラッピングされていることの異常さを感じた。あれでは、車内を見ることもできず救助は困難だ。

会見した当該園長には、大切な園児を預かっている責任感が感じられなかった。情けないことである。

私は車の窓をスモークガラスにすることにも違和感がある。赤外線や紫外線をカットする、あるいはプライバシーが目的なのだろうが、運転者がミラーで後方を確認しづらくなり、安全上心配である。児童を含め車での誘拐事件も多いが、スモークガラスでは、後部座席に誘拐された人が拘束されていても、外部から見えにくくなるのではないか？

二〇〇七年以降、車の後部座席にもシートベルト着用が義務化されているが、スモークガラスの車は、外部からはほとんど内部が見えない状態で、どのようにして違反を見つけるのか。

二〇二二年一〇月、政府は通園バスに安全装置の設置を義務づけた。だが、それよりも園児が車内に残っていないかを、外から確認できるようにするのが先決ではないか。

また、リアーガラスにスモークフィルムを貼った車の後続車は、前方が見えないから事故を起こす確率は高い。さらにＬＥＤランプの強力なブルーライトのために、目がくらんだ事故も起こるのではないか。このまま放置していいのか。

事件の起きた園では、送迎バスの窓まで含んだラッピングを「かわいいから」行ったと報じられていた。「かわいい」ことで園の人気を上げようとしたのだろうか。園児の安全性を考えて、あえてそのようなラッピングをしないようにしている保育園や幼稚園も少なくないが、そうした中でわざわざフルラッピングした園側の発想は信じられない。

こんな国の未来は明るいか？　今なら間に合う、まっとうな国に変える努力をまず社会のリーダー、政治家が示すべきではないか。

4　今後もダムを建設すべきか

ダムの機能を発揮できるのは…

二〇二〇年八月、中国の三峡ダムでは、豪雨によりダムの決壊が迫っていた。仮に、豪雨がダムの上流に集中していたら、決壊し何億人が被害を受けただろう。しかし、二〇二二年には猛暑、旱魃でダムの水位は四〇メートルも低下し、発電や農業に大きな影響を及ぼした。大規模旱魃は中国のみならず、世界で起こっており、ダム湖、湖が干上がっている。こうした旱魃が続けば、ダム建設の役割は果たせない。

雨量についても、昔なら一時間に一〇〇ミリメートル以上という降雨は想定外であったが、今や想定外ではなくなった。二〇二一年七月、中国では一時間に二〇〇ミリ以上の豪雨により、河南省鄭州市では地下鉄を含め、街中冠水するということがあった。

ダムの上流で豪雨があれば、ダムは決壊し下流は大被害を受けただろうし、下流での豪雨なら、ダム建設は意味ないことになる。つまり、ダムが機能を発揮できるのは、ダムの許容範囲を超えない雨が、ダムの集水域に降った時だけではないか。日本には、およそ三〇〇〇基のダムが建設されていながら、毎年どこかで洪水が発生している。これは、ダムの機能が発揮できる範囲を超えているからだろうか。

著者が少し関わった、あるダムの計画では、低い土地の地域が大雨で冠水したことと、将来人口増のため、生活用水が必要だという説明がされていた。しかしながら、その時に問題とされた大雨による冠水についていえば、雨水を海まで流す排水管の径が小さくて冠水しただけで、大きな径の排水管に代えれば冠水は防げた。また、人口は増加するどころか減少していった。このケースでは、結局ダム建設はなされなかった。妥当な判断だったと思う。

日本中で多くのダムがつくられてきたが、要するに、ダムが必要か否かでなく、ダム建設を受注した企業は何年も食いはぐれがないようにするという動機があったからであろう。受注企業は大手であり、当然、政治家、官僚、役人もからんでいるものと思われる。

最後の清流四万十川には、ダムはないと思っていたが、上流に発電用ダムがあり、驚いたことを記憶している。発電用に用いた河川水は、本流に戻されないから、ダムの下流は、支流が本流に流れ込むまで、ほとんど水が流れず、水温は摂氏三〇度の高温であった。アユは水温が摂氏二三度程度までしか生きられないから、ダム近くまで遡上してもそこで死に至る。

地元の土建屋に仕事を配分することばかりが重視されているように見える。自然を破壊し続けるのではなく、農業、林業には大切な仕事が山ほどあるのではないか。

ダム湖底のヘドロが下流の石を黒く染める

島根県出雲市内を流れている神戸川(かんどがわ)に、発電用ダムが建設されている。発電に使った河川水は本流ではなく、別の河川に放流されている。

植物プランクトンは物理的、化学的な条件により、分裂する個数は大きく変動するが、一ミリリットル当たり一〇〇個のプランクトンが存在すれば、七〜一〇日後には、少なくとも一万個以上に増える。

二〇一三年一、二月に調べたところ、ダム湖の神戸川下流では、冬季でもクロロフィルa(Chl.a 植物プランクトン量)は、一リットル当たり数十マイクログラムときわめて高濃度であった。一般に冬季のダム湖、河川のそれは高くても一リットル当たり数マイクログラムである。冬でもダム湖のプランクトンが異常に増殖しているから、夏季には冬の何十倍のプランクトン（アオコ、淡水赤潮）に増殖し、死後はダム湖底に沈積する。

底層の酸素は堆積したプランクトンの分解に消費されるため、無酸素状態になる。なぜなら、春から秋には、暖かい表層と冷たい下層の水は混合しないから、底層に酸素が供給されないのである。

写真1－9　ダムのヘドロで染まった下流の石

その結果、底層水中の硫酸塩は硫化水素に還元され、粒子状鉄酸化物も鉄イオン（Fe^{2+}）に還元される。生じたFe^{2+}と硫化水素は容易に反応し、硫化鉄（FeS）という黒色の粉末になり、底泥は未分解の有機物、微細鉱物が混合した黒色のヘドロ状態になっている。

ヘドロが流出したダム下流の石は写真1－9のように、黒いペンキを塗布したように変色している。黒色はFeSと思われたが、水中でも大気中でも、酸素が存在すれば酸化され、イオウ（S）は二酸化

写真１－10　５年後の石、Fe_2O_3

写真１－11　自然石に戻った石

イオウとなり、黒色は消えるのが化学の常識である。しかしながら、黒色石を大気にさらしても、黒色は消えなかった。

　黒色成分を分析すると、金属の九五パーセントが鉄、四パーセントがマンガン、その他は銅など一パーセント以下であることから、河川水中での黒色は四酸化三鉄（Fe_3O_4）のように思われる。この黒色石を室内で五年間放置したら、黄褐色に変わっていた。

　つまり、三酸化二鉄（Fe_2O_3）へと酸化されていたのだ（写真１－10）。この石を酸に浸けると写真１－11のように、元の自然石にもどった。これらの結果から、ダム湖のヘドロの黒色化合物が下流の石に付着したことがわかった。

　河川流量が少なく、流速が弱いとプランクトンの死骸や微細鉱物（粘土鉱物）が石に付着するため、アユの餌となる着床珪藻プランクトンは減少する。

非汚染の川に、自然石と先の黒く染まった石を一〇日間ほど放置後、単位面積当たりのChl.aを比較すると、後者は前者の五分の一しか着床していなかった。黒色物質が着床を妨害しているようだ。

ダム湖や下流のChl.aが高いのは、ダム湖の湖水が一週間以上も滞留していることを意味している。湖底がヘドロにならないためには、ダム湖水の滞留時間を数日にすることだ。

沿岸域に神戸川の河川水が少量流れ込む、神西湖がある。この湖はかつてはシジミの産地であったが、近年、冬でもChl.aは一リットル当たり一〇〇マイクログラムと、高濃度であった。プランクトンの死骸は湖底に堆積し、湖底は無酸素状態になっているから、シジミを含めたベントス（底生生物）の生存は不可能で、今ではシジミはかつてのようにとれなくなった。ここの沿岸海域（大社沿岸）のChl.aは一リットル当たり一七〜八五マイクログラム、冬季の海域でこれほど高いChl.a濃度を、著者は経験したことはない。

神西湖水の滞留時間は二〇日程度だから、プランクトンは何十回も分裂して増殖している。従って、冬でも赤潮状態になっている。水力発電に流す神戸川の三〇パーセントを神西湖に流せば、湖水の滞留時間は短くなるため、Chl.aは減少し、無酸素状態も解消され、

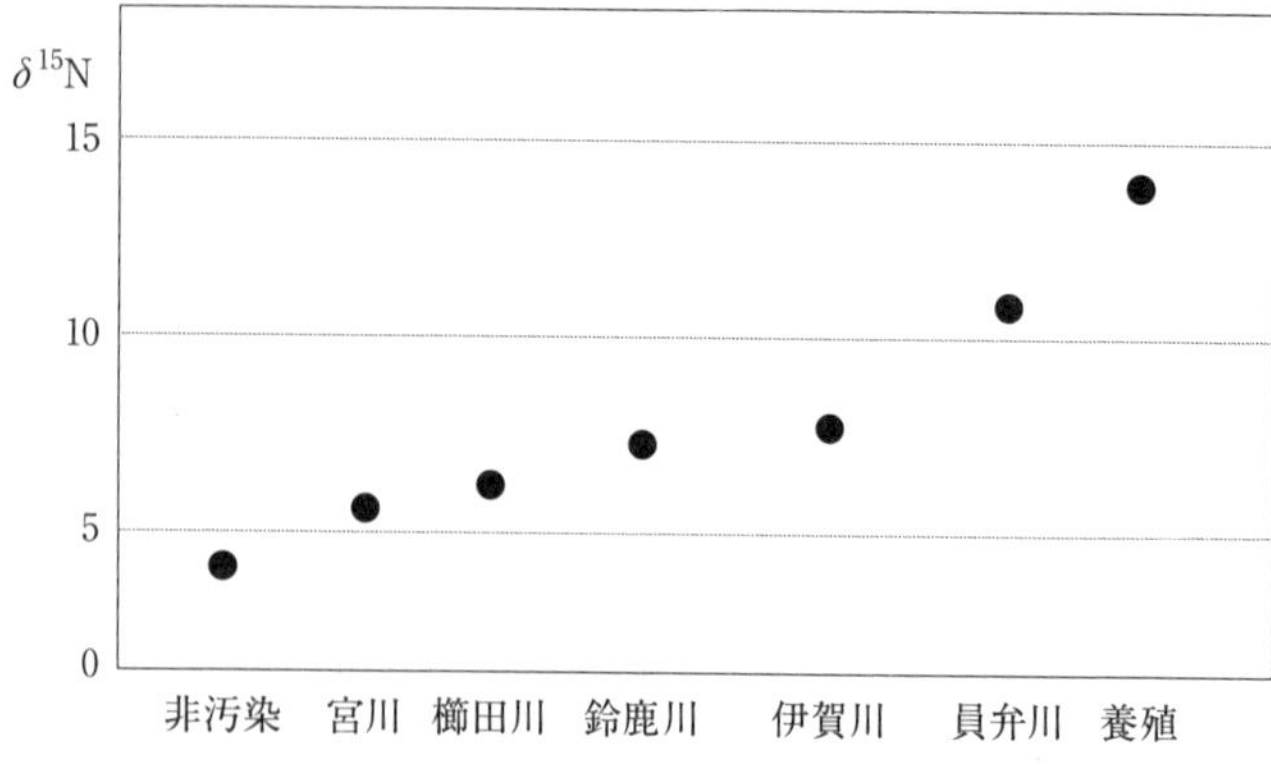

図1－3　三重県の河川で漁獲されたアユの$\delta^{15}N$

シジミ漁も復活するだろう。同時に、大社沿岸でも回遊魚が漁獲されると思われる。

アユ、サケなどの産卵の場の消滅

アユは香魚（こうぎょ）とも呼ばれ、それはキュウリなどの香りがするからといわれている。非汚染の川では、アユは岩で増殖した着床珪藻を餌としているからである。しかしながら、河川が汚染されていると、岩には珪藻以外の腐敗した有機物質も付着する。

三重県の河川で漁獲されたアユを対象に、汚染の指標となるδ（デルタ）^{15}N（窒素同位体）を測定した（図1－3）。図の右側は名古屋市に近い。非汚染（宮川の支流）の川と、汚染が見られる員弁川（いなべがわ）の着床プランクトンを写真1－12に示した。員弁川では未処理の家庭雑排水起源と思われる腐敗した動物性たんぱく質

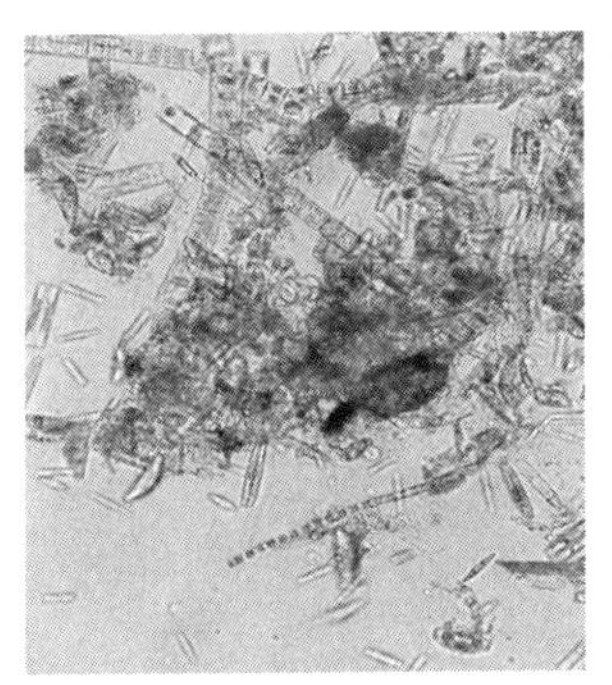
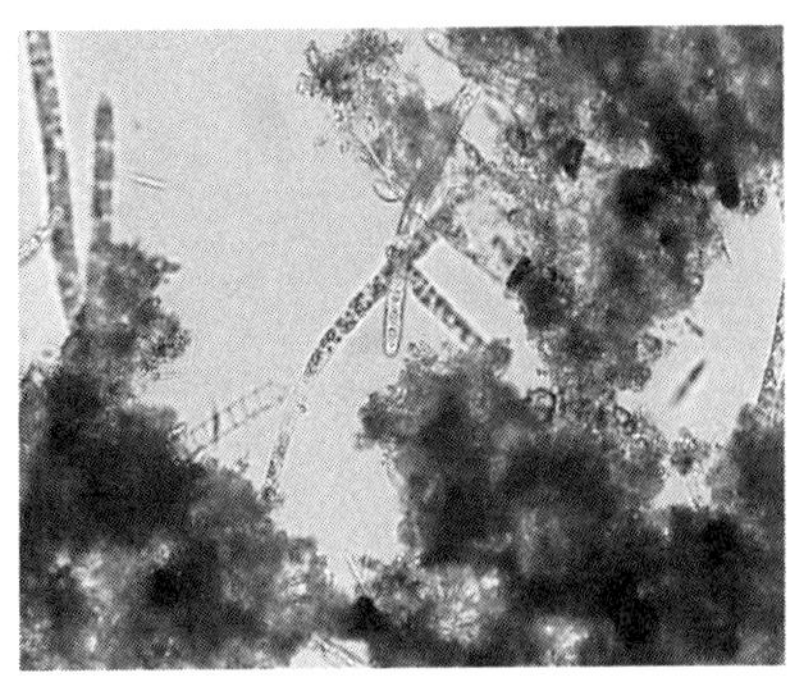

写真１－12　石に着床するプランクトン。左：非汚染の川、右：汚染されている員弁川

も付着している。

高い$\delta^{15}N$を有する員弁川のアユは、珪藻のみならず付着した腐敗物質も食している。なぜなら、$\delta^{15}N$は高次捕食者の方が高くなることから、腐敗物は高次捕食魚のように思われる。なお、養殖アユの餌には魚粉が使われている。

自然は微妙なバランスで成り立っている。河川からは石、砂、粘土鉱物まで河川を通して海に運ばれるが、ダムが建設されると粒子の大きな砂は、ダムで堰（せ）き止められ下流には流れない。ダムのない自然海岸の砂浜は山からの砂の供給と波、海流によって沖に流される量のバランスがとれていて、砂浜が消滅することはない。

しかしながら、ダム、河川の護岸や河底をセメントで固めることにより、バランスが崩れ砂浜が消滅している。年間数十センチメートル、砂浜が減少しているようだ。その他、バランスを崩す要因として、海砂の採取、気候変動に伴い多発している高波などもあげられるが、要するにいずれも人為的な要因である。砂浜のない海岸とは、悲しすぎる。

さらに、アユ、サケなど遡上して河川で産卵する魚種は五～三〇ミリメートルの礫に産卵するが、ダムにより礫が流れてこなくなる。しかし、細粒子のシルトや粘土鉱物は下流に流れ、礫に付着するため産卵場でなくなってしまう。

ダム建設について、一九九〇年代半ばに自民党の亀井静香氏が建設大臣の時、二二基のダム建設を中止させた。必要のないダムを建設して、大手ゼネコンが利益を得る公共事業を繰り返していたからだった。さらに、ダム利権に関与している議員を潤すだけで、無駄な公共事業の一つだというのが、亀井氏の主張だったようだ。長野県知事であった当時の二〇〇一年、田中康夫氏も県民世論に寄り添って、「脱ダム宣言」を行った。

ダム建設委員会のメンバーは、利権や私利私欲のない中立の委員を選ぶべきであるが、政治家や官僚のイエスマンが委員となっている場合が多い。今後は、ダムに限らず、公共事業の成否を検討・決定する委員会は、委員名、所属、議事録を公表し、透明性の高い運営を行うべきである。「そうしないと、国民から利権がらみだと疑惑の目で見られる」という意識を委員が持つように、国民がその動向に関心を持って注視することも大事である。借金漬けの日本、無駄金を使っている場合ではないだろう。

砂防ダムが必要な個所もあるだろうが、何故砂防ダムを建設する必要があるのか、疑問に思う個所も多い。北海道でも、日本海側には対馬暖流が流れているため、石狩湾くらいまでの河川、沿岸海域（秋から春）には、アユが生育している。

しかし、道南の河川では、砂防ダムを建設したため、アユの姿は消えた。また、砂防ダム下流では土手が崩壊してしまった河川も見られる。

土手が崩壊すれば、コンクリートによる三面張りでは、ウナギや稚魚の生育場所がなくなる。緩やかな流れの土手には、自然石を積んだだけの護岸が必要だ。ウナギの資源が激減している要因は乱獲もあるが、遡上する上流にダムや堰が建設されたこと、ウナギの生育環境をコンクリートで覆った要因も大きい。

要するに、陸の土建屋が儲かるのではなく、漁師が普通に生活できる税金の使い方をしないから、漁師数が激減しているのではないか？

気候変動の影響と思われるが、どこで豪雨が発生するかわからない今日、ダム建設の意味はないように思われる。災害時の避難方法、避難場所を充実させ、災害で損傷した家などの財産は国で保障するなど、当面の対策を整備するとともに、ダム建設政策の全体を見直すべきだろう。ダムを建設する既得権益をいつまでも続けていては、国は衰亡する。

コラム3　研究能力の低下

国立大学の研究力が落ちた主な理由は、二〇〇四年にそれまでの国立大学が「国立大学法人」へと変えられたのに伴い、人件費や研究費に使われる大学運営費交付金が毎年削減されてきたことにある。一方で補助金は期限付きで、五年程度の期限が終わったら、そこで終わり。能力ある研究者も無職になる。

さらに、質が落ちた根本的な誤りは、国立大学を、利益を追求する民間企業のように変えたことだ。国立大学は国民の公共財であり、私的利権追求の場ではない。このままでは、「技術立国日本」は返上しなければならない。既に、その兆候が表れている。

目先の研究も大切だが、数年で利益が得られるかもしれない研究ばかりに、多額の研究費を援助していては、世界で認められる優れた成果は得られない。最低でも一〇年研究に没頭しなければ、評価される結果は得られないのだ。

基礎研究費を削減するのでなく、国立大学法人化以前のように、毎年一定の研究費を支給することだ。

世界で認められる研究の発想は、二〇〜三〇代である場合が多い。そのアイデアが四〇〜五〇代で開花し、世界に誇れる成果が得られると、多くの研究者は思っている。五〇歳以上の年齢で、世界に通用するアイデアを生み出せる研究者は、一〇〇〇人に一人いるか否かではないか。

正規定員を増やすことができないため、任期制で採用された若手の研究者（ポストドクター）は、数年で成果の出る研究しかできないのが現実である。研究者として一番大切な年齢の時に、目先の研究しかできないのでは、世界に誇れる研究は絶望的である。

国立大学の二〇〇四年の正規、非正規数はそれぞれ五万五〇〇〇人、七〇〇〇人であったが、二〇二一年には、それぞれ四万人と二万五〇〇〇人になり、任期制の非正規研究者が大きく増加している。これでは、日本の研究レベルの低下は避けられない。

大学教員の定年は六五歳としている大学が多いようだ。六五歳定年の根拠は、年金の支給が六五歳に引き上げられたからであるが、それでいいのだろうか。たとえば、定年を六三歳などに引き下げ、若い優秀な人材を採用するべきではないか。六五歳までの二年間、定年退職した研究者には年金支給額に匹敵する程度の退職金を積み増ししたらいい。政府にしてみればそれは年金支給開始年齢の前倒しになるからしたくないのかもしれないが、学術、科学・技術への道理ある投資と考えるべきである。国家が資金をケチって、研究成果だけ得たいなどというようなことを考えている国で、学術が発展するわけがない。さらに、「技術立国日本」に戻したいのであれば、研究費や人件費を出し惜しみする、「国立大学法人」という国立大のあり方を廃止することである。

二〇二〇年、日本学術会議は次期委員候補を菅義偉総理（当時）に提出したが、一〇五人のうち六人が任命されなかった。学術会議の会員人事は、日本学術会議法で選考基準や手続きが細かく規定されており、相当な理由がない限り、首相の一存で拒否することはできない。仮に任命を拒否するなら、総理はその理由を述べるべきであるが、菅氏も、それにかかわった岸田氏もいっさい説明をしようとしない。政治家、総理といえども法の規定を超えることはできないということが理解できていない者が、この国では首相になっているようだ。

人事の話題でさらにいうと、国立大学では、法人化以前は総長、学長は教官が選挙で選んでいた。それは大学自治の精神によるもので、学問の自由を制度的に保障するものだった。しかし、法人化後には、文科省が教員投票の結果に必ずしも従わなくてもいい、とルールを変更し、学長選考会議が決定権をもつようになった。

学長選考会議メンバーには、学外者である財界人なども入っていたりする。研究もしていない財界人に、利権とは無関係に、寝食も忘れ一〇～二〇年間も研究している研究者の苦労など、理解できるわけがないだろう。

法人化以前のように、学内の教員が学長、総長を選ぶべきである。そういうことにメスを入れないままで、現在の自公政権が考える通りのやり方が続けば、学問研究の面で三流～四流国家への転落はそう遠くないだろう。

無駄な公共事業に予算＝国民の税金を投じることが批判されて久しい。何百億、何千億円ものお金が、私に言わせれば捨てられてきたも同然である。典型的な無駄金は一兆一〇〇〇億円も国費を使った高速増殖炉〝もんじゅ〟だ。なにせ、運転を開始し臨界になった後すぐにナトリウム漏れの重大事故を起こし（一九九五年）、二〇年以上トラブル続きのまま、二〇一六年に廃炉が決まった代物である。

このような無駄金を捨てていながら、ノーベル医学・生理学賞を受賞した京都大学の山中伸弥教授が開発されたｉＰＳ細胞への一六億円の公的支援は、二〇二二年度末で終わるようだ。

ｉＰＳ細胞は、有効な治療法がない患者を救える可能性が大きい。世界中の患者がｉＰＳ細胞を使った再生医療の実現化、新薬の開発を願望しているのに、研究費一六億円を支援しないとは。誰がこんな情けない国にしたのか？

今、個人でできることは、ｉＰＳ財団に寄付することである。私も寄付をした。全国の心ある皆様に、どうか寄付をお願いしたい。それにより、将来、難病で苦しんでいる日本、世界の人々は、新しい治療法の恩恵を受けられる可能性が広がるだろう。

先ほどもふれたが今の大学は大学なのか、民間企業なのか区別が出来ないようなものになっているのではないか。これでは、基礎研究の研究者は肩身が狭くて、研究気力をなくすだろう。

江戸時代末期、戊辰(ぼしん)戦争で新潟県長岡の城下町は焼け野原になり、支藩から米一〇〇俵が援助された。貴重な米だが、長岡藩の小林虎三郎はこれを売却し、その資金を教育につぎ込んだ。

教育は目先の利益にはならないが、将来、米一〇〇俵以上の成果となって戻ってくると考えたのだ。これは一つの見識だといえるだろう。明治時代の政治家も先見の明があったと思う。教育の大切さを理解し、義務教育を含む近代的な学制を推進したのだ。少なくとも今の政治家とは雲泥の差があると私は思う。

大学は真理を探究する場と認識していたが、論文を書いたこともない著名人を「客員教授」などの肩書で採用している。もはや、大学というより、専門学校、民間企業と何も変わらないように思う。

日本のノーベル賞受賞者が異口同音に、数十年後、日本からノーベル賞受賞者は出ないだろう、と述べている。苦労し、研究成果が得られた喜びを経験したこともない政治家が、日本学術会議に手を突っ込んでみたり、研究予算の配分を決めたりするのはいかがなものか。既に、三流国家に転落しかかっているように私には見えるが、政府はその要因を全くわかっていないのだろう。

新型コロナウイルスが蔓延（まんえん）している今日、命の危険をもかえりみず、感染した患者を診ている医療従事者、種々の災害地でボランティアとして復興活動をする人々、身の危険もかえりみず弱者をいたわり続ける人々など、尊敬できて清廉な国民がまだ多数いる。そういった、現場で努力する人々の地道な努力は、我々が日本で生きる気力を維持できる源泉となっていると思う。だが、社会のリーダーたる政治家が、現場を見ずに、現場の人々の努力をないがしろにするようなことばかりしてはダメである。科学や学問の現場で起きている問題もそういう性格の問題ではないだろうか。

第2章　このままでは地球温暖化は止められない

1　二酸化炭素の放出量はどうなっているか

二〇二一年、国連の気候変動に関する政府間パネル（ＩＰＣＣ）の第一作業部会が発表した「自然科学的根拠」に関する報告書（第六次）は、猛暑や洪水など気象の極端現象を引き起こす温暖化の要因が「人間活動によることは疑う余地がない」と述べた。また、翌年発表されたＩＰＣＣの第二作業部会の報告書は、温暖化がこのまま進めば、対応を困難にする「適応の限界」に達すると警鐘を鳴らした。

温暖化に危機感を持つ者の一人として、自分の専門領域からこの問題にアプローチしてきた。この章ではその中で考えてきたことを、少しだけ綴っておきたい。

多くの人がご存じのように、地球温暖化の原因物質は、二酸化炭素、メタン、一酸化二窒素、フロンといった温室効果ガスである（フロンは、先進国では一九九六年に製造・使用が禁止された）。とくに二酸化炭素が主な要因とされる。

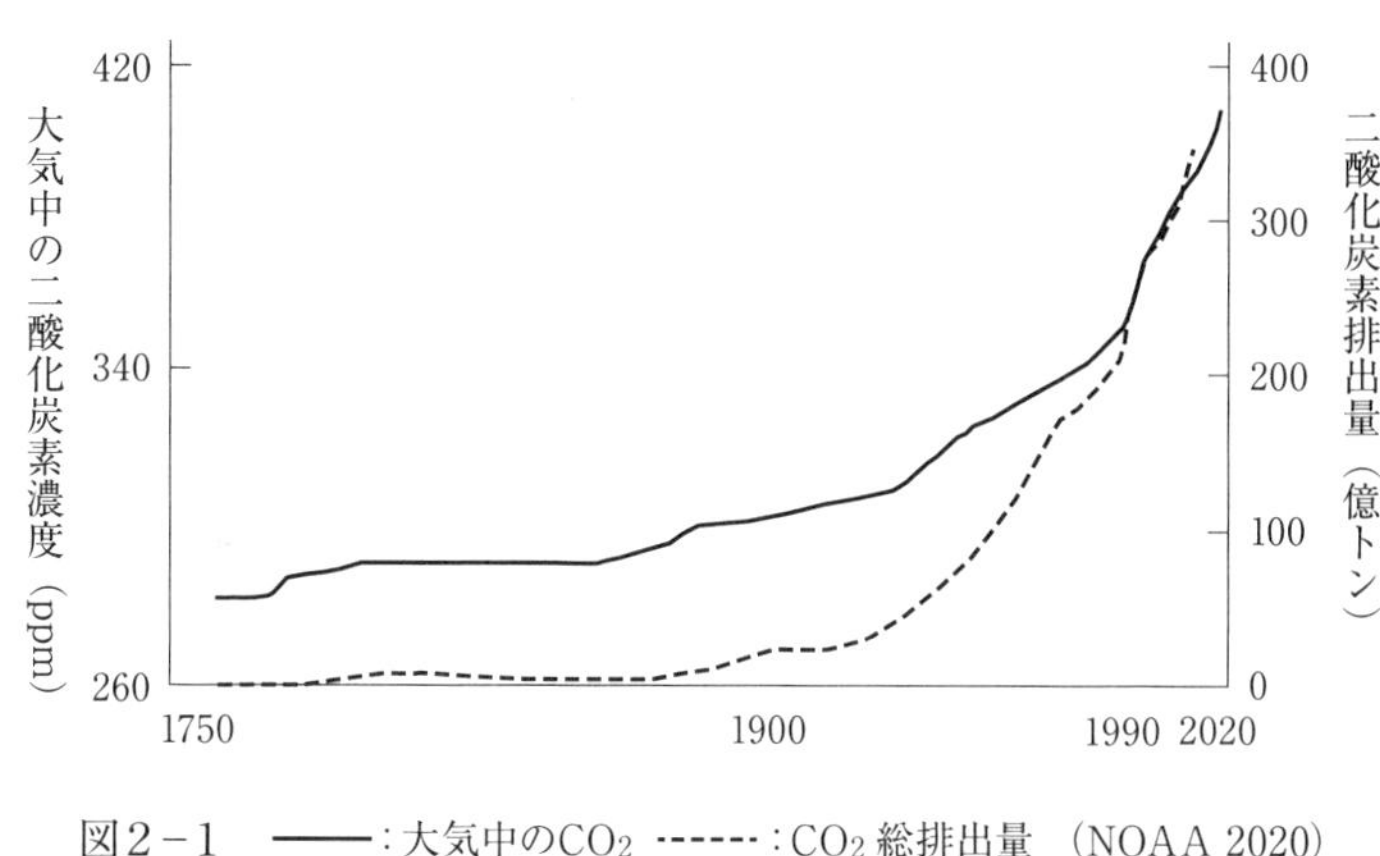

図2－1　――：大気中のCO_2　------：CO_2総排出量　（NOAA 2020）

二酸化炭素は、すでに見たように、植物性プランクトンや海藻を含む光合成生物が栄養を得るために不可欠の化合物だ。人類が、薪（まき）や炭をエネルギー源としていた時代には、燃料として使った木に相当する量の木を植林すれば、二酸化炭素の固定と排出のバランスは保たれていたはずだ。

南極の氷床コアを分析すると、八〇万年前から産業革命までの間、大気中の二酸化炭素は一八〇～二八〇ｐｐｍで、三〇〇ｐｐｍを超えることはなかった。一八世紀半ばからの産業革命以後、二酸化炭素は徐々に増加し、二〇二〇年には四二〇ｐｐｍに急増している。図２－１のように、産業活動による二酸化炭素排出量と大気中のその濃度の曲線はきわめてよく一致している。

つまり、化石燃料が利用されるようになった産業革命の時期以来、大気中の二酸化炭素は増え続けてきたのだ。化石燃料（石油、石炭）は、樹木やプランクトンが地中に埋められ、圧力や地熱の作用で数億年前に形成された。それができたころの大気中の二酸化炭素の量は、現在よりも一桁多い数千ｐｐｍだったと見られているが、その二酸化炭素が植物に固定され化石燃料となった。これを燃焼させれば、当然ながら大気中に多くの二酸化炭素が放出されることになる。

二酸化炭素の排出は化石燃料の燃焼によるもののほか、森林火災や伐採などで森林が減少することによるものもある。つまり二酸化炭素を固定する植物が減ってしまっているということだ。これも深刻である。森林火災は世界中で起きているが、森林破壊は熱帯地域やロシアに多いといわれている。

二〇二〇年は新型コロナウイルスのために経済活動が低下しており、二酸化炭素の排出量は前年に比べ八パーセント程度減少しているにもかかわらず、大気中の二酸化炭素濃度は数ｐｐｍ高くなっている。大規模な森林火災や火山活動なども考慮しなければならないが、大気から除去される二酸化炭素が減少しているのではないだろうか。

二酸化炭素、酸素、窒素などの気体は水温が低いほど水によく溶ける。水温が高くなると、逆に溶け込んだ気体は大気に放出される。先の氷床コアの二酸化炭素の分析結果もそ

郵便はがき

料金受取人払郵便

代々木局承認

7648

差出有効期間
2023年12月25日
まで

(切手不要)

151-8790

243

(受取人)

東京都渋谷区千駄ヶ谷 4-25-6

新日本出版社

編集部行

ご住所	〒 都道 府県
お電話	
お名前	フリガナ

本のご注文は、このハガキをご利用ください。送料 300 円

《購入申込書》

書名	定価	円	冊
書名	定価	円	冊

ご記入された個人情報は企画の参考にのみ使用するもので、他の目的には使用いたしません。弊社書籍をご注文の方は、上記に必要情報をご記入ください。

愛読者はがき

ご購読ありがとうございます。出版企画等の参考とさせていただきますので、下記のアンケートにお答えください。ご感想等は広告等で使用させていただく場合がございます。

① お買い求めいただいた本のタイトル。

② 印象に残った一行。

（　　　）ページ

③ 本書をお読みになったご感想、ご意見など。

④ 本書をお求めになった動機は？

1 タイトルにひかれたから　　2 内容にひかれたから
3 表紙を見て気になったから　　4 著者のファンだから
5 広告を見て（新聞・雑誌名＝　　　　　　）
6 インターネット上の情報から（弊社 HP・SNS・その他＝　　　　　　）
7 その他（　　　　　　）

⑤ 今後、どのようなテーマ・内容の本をお読みになりたいですか？

⑥ 下記、ご記入お願いします。

ご職業	年齢	性別
購読している新聞	購読している雑誌	お好きな作家

ご協力ありがとうございました。　ホームページ www.shinnihon-net.co.jp

のことを示している。氷期の一八〇ｐｐｍから間氷期の二八〇ｐｐｍ。つまり、海水温の低い氷期には、大気中の二酸化炭素は海水に溶解する。逆に、海水温の高い間氷期には海水から大気に放出される。昨今、海水温が上昇していることから、海水から大気中に放出されているのではないか。

二酸化炭素の排出を八パーセント程度削減しても、温暖化の速度を緩やかにすることはできないのかもしれない。何十パーセントという大幅な削減が必要のように思う。ＩＰＣＣによれば、世界全体で二酸化炭素の排出を二〇一〇年比で、二〇三〇年に半減し二〇五〇年に実質ゼロにすることで、温暖化を一・五度未満に抑えることができる。

海水温が上昇すれば、気化する水蒸気量も増え、上空で冷気に接し雨となるか、雪になる。昨今、日本各地の豪雨、大雪は、海水温の上昇によるところが大きいと考えられている。

独立行政法人国際協力機構（ＪＩＣＡ）で、アフリカ、東南アジア、南アメリカなどの森林専門家（公務員）が毎年日本で研修を受けている。著者は二〇年間にもわたり、〝海の生物に果たしている森林の役割〟を講義してきた。

長時間、私のブロークンな英語の講義では疲れると思ったから、気分転換にいろいろな試みを行った。

その一つに、人間の呼吸で放出する二酸化炭素を、化石燃料から排出される二酸化炭素に加える必要があるか、否かを質問した。一五人程度の受講生の大半が加える必要ありと返答した。

人間一人の一日当たりの呼吸量は約一万五〇〇〇リットルで、放出される二酸化炭素は一日一人当たり一キログラム程度、世界の人口を約八〇億人とすると、年間およそ三〇億トンの二酸化炭素を放出していることになる。

世界の二酸化炭素排出量は約三五〇億トンであり、呼吸により放出される三〇億トンは全排出量の八パーセントに相当するから、三五〇億トンに加えるべきだと考える人がいてもいたしかたないと思った。だが正しい答えはその逆だ。

人間は米、小麦、トウモロコシなどの光合成生物や牛肉、魚介類を食している。牛などは牧草、トウモロコシなどの光合成生物を、魚介類は植物プランクトンや海藻などの光合成生物を食している。

仮に、人間が米、パン、牛やブタ肉、魚介類などを食べずに、これらが放置されても、いずれ二酸化炭素と水に分解される。要するに、人間が光合成由来の食品を食べれば、自然に食品が分解されるよりも早く二酸化炭素を放出するだけだから、三五〇億トンに加える必要はない。

日本は二〇二一年の気候変動サミットで、二〇三〇年に二〇一三年に比べ二酸化炭素を四六パーセント削減すると公言しているが（この目標値で十分かどうかもよく考える必要がある）、主に原発の再稼働によって化石燃料の削減をカバーするつもりのようだ。稼働から四〇年過ぎた原発がたくさんあるのに、それを再稼働させるとはと、驚愕（きょうがく）している国民は多いだろう。住宅でも四〇年も過ぎれば劣化するように、原子炉も放射線をあびており、炉の劣化ははかりしれない。

コラム7でも述べるが、私は、原発は「神の領域」だと思う。コントロールできるものではないのだ。福島第一原発事故で日本の滅亡を神が一度は救ってくれたが、二度は救ってくれないだろう。

現在の電力の七五パーセントは化石燃料によっている。私は、温暖化防止の国際的な努力に歩調を合わせてそれを日本も担うためには、このかなりの部分を、二〇三〇年までに再生可能エネルギー（現在のシェアは二〇パーセント程度）に変える必要があると思う。原発を再稼働したり新設したりすることの危険性は、誰しも知るように危険すぎるのでやるべきではない（原発の問題を克服するためには、いわゆる「原子力むら」の存在も弊害になっているように思える）。

国の政策として、再生可能エネルギー、「地産地消」の電力の普及に力を入れるとともに、さらに、電力使用量を減らすことに注力すべきでないだろうか。

コラム4　気候変動（洪水、旱魃）

日本を含め世界の気候は、豪雨、猛暑、熱波、大旱魃（かんばつ）などの規模や回数が、半世紀前とは全く異なってきている。二〇二一、二〇二二年、世界では猛暑、熱波により、気温がほぼ摂氏五〇度に達する日もあった。熱中症などにより多数の死者が出ているし、ヨーロッパ、北米では、熱波により広大な森林火災が発生している。

二〇二二年パキスタンでは、豪雨と氷河湖の決壊によって国土の三分の一が水没し、バングラデシュでも洪水で国土の三分の一が冠水した。さらに、アフリカ北東部では旱魃、南西部では洪水。食糧難に輪をかけるだろう。大量の二酸化炭素排出国はこれら国への食糧援助は不可欠だが、独裁国家では期待はできない。

一方、ユニセフ（unicef）はアフリカはじめ貧困国への食糧などの援助を続けている。ユニセフへの寄付は大切だ。私も微力であるが、寄付している。戦後、私が小学生の頃、ユニセフは給食の粉ミルクなど一五年間にわたり、援助してくれたのだ。それを忘れては罰があたる。

地球温暖化の主要因である二酸化炭素の排出量は、パキスタン、バングラデシュは全排出量の一パーセント以下、アフリカ全土でも四パーセント程度である。これらの国の国民の怒りは大量排出国に向けられているだろう。日本で毎年発生する大水害を重ね合わせると、地球温暖化はもはや対岸の火事ではない。

世界気象機関（WMO）によると、世界の肺と称されるアマゾンの熱帯雨林が、牧草地、農地転用、鉱山開発のために、ここ一年間で福島県や長野県に匹敵するおよそ一万二〇〇〇平方キロメートルも皆伐されている。ほとんどが違法伐採であるにもかかわらず、ブラジルの大統領は取り締まりをしなかった。

アマゾンの広大な湿地帯、樹木の葉からの蒸散作用により、膨大な水蒸気がアンデス山脈にぶつかり、雨となって農業地帯に降り注いでいたが、森林伐採により雨量が減少している。このまま熱帯林の伐採が進めば、それにより、アンデス山脈東側の農地や伐採で開拓したアマゾンの農地では、水がなくなり、遠からず砂漠化するだろう。

温暖化をもたらした温室効果ガスの排出には、先進国の責任が大きいが、今日では、毎年、中国が米国のおよそ二倍、一〇五億トンの二酸化炭素を排出している。これについての詳細は3で述べる。

現在の気候変動を半世紀前から研究に着手し、気候の変化を予測する気候モデルを世界で初めて科学的に考案した真鍋淑郎博士に、二〇二一年のノーベル物理学賞が授与された。受賞理由は「地球の気候と地球温暖化の予測に関する物理モデルへの貢献」である。地球物理学でノーベル賞が受賞された人は皆無だったが、真鍋博士が受賞した背景には、人類が地球で生存できるか否かという瀬戸際に立たされていることが、世界で認識されたということがあったのだろう。

気候変動は人類にとって、きわめて深刻な問題であるが、対岸の火事と見ている国も存在しているから、温暖化の速度を緩やかにすることさえ、困難な状況だ。この問題への「地球市民」としての努力が、国家にも私たちにも求められている。

2 北極海を貨物船の航路としていいのか

北極海を、東アジアとヨーロッパを結ぶ貨物船の航路とするという話題が気になっている。国土交通省も、マラッカ海峡やスエズ運河を経由する南回り航路に比べ、たとえば横浜～ハンブルクの航行距離でいえば六割に短縮され、海賊の心配も小さいとして、乗り気のように見える。「気候変動による海氷の減退に伴い、夏期（六月～一一月）の航行が可能」などと注目している（同省総合政策局「北極海航路の利用動向について」）

少なくとも数十年前には、北極海は夏でも厚い氷に閉ざされ、北極海を航路にするなど考えられなかった。しかしながら、温暖化の進行とともに北極海の海氷面積は著しく縮小し、厚みも薄くなっている。それは事実だが、それを好機として航路を利用するという考え方に、私は唖然（あぜん）とさせられた。海氷が減退しているのは食い止めるべき深刻な問題であって、経済効率アップのために利用すべき事象ではない。利用すれば、利用のためには海氷が減退する、つまり温暖化が進んだほうがいいという話になるではないか。「温暖化にはいい面もある」などと考える輩が現れそうで心配している。

海氷が白く見えるのは、可視光線のほとんどすべてを反射するからである。白い海氷が溶解し、海面が海氷から海水に置き換わると、海水は太陽光を吸収し海面温度は上昇するから、ますます海氷の溶解が進むことに繋がる。

1で述べたように、国際協力機構で講義をしたことがある。受講生に、北極の海氷が融解したら、海水の表面水は上昇するか否かを問うと、「上昇する」と「変わらない」が半々の答えであった。答えは「上昇しない」が正解。高校時代に学習したであろう、「アルキメデスの原理」（浮力の原理）を再度読みなさいと伝えた。

それでは、海氷でなくグリーンランドの氷床が融解したら？　二〇一九年には、約五三〇〇億トンが融解したが、すべての氷床が融解したら、海水面は約六～七メートル上昇するといわれている。

世界の人口の半分程度が沿岸や沿岸近くで住んでいることを考慮すると、グリーンランドの氷床の融解だけでも、多くの人々の生活拠点が失われることになる。これに加え、南極の氷床が融解したら、海水面は六〇メートルも上昇するといわれている。なお、二〇二〇年二月の南極の気温は摂氏一八・三度に上昇した。

現在、まだ経済的には採算が合わないのか、海運会社の意向はわからないが、北極海を航路にすることは、人間の住める地球の終焉（しゅうえん）を早めることに繋がっていると思わないのだろうか。

地球の危機よりも利権を優先することに、不思議な感覚を覚える。北極海航路開通で親が金銭的に潤っても、子どもや孫は喜ぶだろうか。地球での生存が不可能になれば、金は単に紙屑（かみくず）だ。

海氷が融解すれば、先に述べたように可視光線が海水に吸収され、海水温の上昇と共に海氷が融解し、グリーンランドの氷床の融解も進むだろう。さらに、海水温の上昇により、海水に溶解していた二酸化炭素は、大気中に放出されることになる。

北極海航路を望んでいる人には、金儲けより大切なものは見えていないのか。温暖化問題など眼中にないのだろうか。

3 中国、ロシア、北朝鮮、無駄な二酸化炭素排出を止めよ

中国が最大の二酸化炭素排出国

二〇二一年の国別の二酸化炭素排出量を見ると、中国が一〇五億トンでトップ、続いてアメリカ四七億トン、インド二六億トン、ロシア一六億トン、そして日本一一億トンとなっている。

二酸化炭素排出量が年間一番多いのは、中国で約三一パーセントを占めている。これは天下周知の事実だが、当の中国は二酸化炭素排出量を減らす気配がない。中国海警局に所

属する一〇〇〇トン以上の船が日本の尖閣諸島近くの領海を侵犯し、八万トンの空母が南、東シナ海を航行している。さらに、中国軍機五〇機以上が台湾の防空識別圏に侵入し、中国軍艦が台湾海峡領域侵入を何度も繰り返している。

あたりまえだが、こうした船や飛行機も化石燃料を使っており、二酸化炭素を大量に排出する。領海や領空を侵犯するこうした行為自体が、本来、許されるものではないが、加えていえば、常識ある国なら、大量の二酸化炭素を排出しているのを恥じて、削減するために空母、戦闘機などの使用を控えるべきであろう。中国が対外関係に問題を抱えているのであれば、それは軍事的な領空・領海侵犯などではなく、外交と国際法に基づく話し合いで解決すればいいだけである（同じことがアメリカにもいえる）。

中国は、言論の自由も許さず、香港、ウイグル民族、チベット民族への弾圧を強めるなど人権侵害を行っている。こうした強権的な姿勢は、対外的には軍事的対応を先行させているることと重なってみえる。

北朝鮮もミサイルを何十発も日本海に向けて発砲しているが、二酸化炭素をどれだけ排出しているのだろうか？　また、ミサイル発射にどこの国が援助しているのだろうか？

中国では二〇二〇年には、三峡ダムの決壊危機が、さらに、二〇二一年には一〇〇〇年に一度という豪雨で、河南省鄭州市などは街中が冠水している。一方、二〇二二年八月には摂氏四〇度以上の猛暑が四〇日以上も続き、大旱魃、水不足で三峡ダムの水位が四〇メートルも低下しているのに、中国共産党の習近平総書記・国家主席は地球温暖化の危機を理解できないようだ。

もし、中国本土の多くの都市に豪雨が降り続け、あるいは三峡ダムが決壊し、中国内の大都市が深刻な冠水被害を受ける、あるいは中国全土が旱魃で大打撃を受けたりするなどしないと、温暖化の危機を国のリーダーが認識できないとすると、たいへんな悲劇である。自国にも、そして世界全体にも、さまざまな形で大きな損害を与えてしまうかもしれない。

二〇二二年、中国の外相が、太平洋島嶼(とうしょ)国を専用機で訪問し、安全保障協議、経済援助、貿易などの促進を申し出た。援助には、地球温暖化被害の対策も含まれていたようだが、私にいわせれば、どの面下げて訪問できるのかという話である。海水面の上昇により、訪問国ツバル、キリバスなどは、国が消滅する危機に直面しているのに、中国が米国の約二倍以上もの二酸化炭素を排出しているのを忘れているのか?

不気味な国である。中国の覇権をめざして、温暖化問題も使って影響力を拡大しようとしているようにさえ見える。しかし、地球温暖化に対する二酸化炭素排出国の責任は逃れられるものではない。習近平氏の眼中には入っていないのかもしれないが、彼の政策で進む二酸化炭素排出は、彼の国家と彼自身にも大きな損害をもたらさざるをえない。

この際、やや本論から外れ気味にはなるが、中国が周辺の海で進めている無法な行為についても一言しておきたい。

中国は、二〇〇隻の巨大浚渫船で莫大な海砂を採取し、南シナ海のサンゴ礁を埋め立て、六~七の人工島を建設した。しかも、人工島に滑走路も建設し、軍事基地化している。多くの国が面している海であり、当然問題になり、二〇一六年に仲裁裁判所が、中国の権利主張を退け、力による現状変更を国際法違反と断じた。ところが中国はそれを無視して軍事基地化を強行している。こんな反国際的な行為が許されていいのだろうか。

海砂は人工島だけでなく、中国本土のビル建設、他国の港湾建設にも使われている。海砂は世界共有の財産である。それを勝手に自らの利益に使うとは無法もはなはだしい。さらに、中国の調査船は二〇二二年、日本の排他的経済水域に侵入し、警告をも無視し海底資源調査を行っている。日本の同意を得ないこうした行為も無法なものだ。

このように、大国が海を自らの覇権のために利用することは、長年、海で研究を続けてきた私から見て不愉快きわまりない。本来、海は人類の共有財産であり、人間が生きていくのに不可欠な自然環境として大切に保護されるべきである。

ついでにいえば、中国、ロシアの爆撃機が日本周辺上空を共同飛行しているという問題もあり、時には、日本の領空侵犯の恐れもある。自衛隊の戦闘機がスクランブルした回数は年間一〇〇〇回以上にもなっている。中国海警局の船舶及び軍艦も日本近海を航行し、領海侵犯もしている。これらの行為で、どれだけの二酸化炭素を排出しているのか、中国のリーダーたちは考えたこともないのだろう。まともな感覚をしているとは思えない。

コラム5　プーチン氏、狂っていないか

地球温暖化により、大規模な気候変動が危惧(きぐ)されているというのは、人類が、従来のように生きていけるかどうかを問う大問題である。これに人類が力を合わせて取り組むことができるかどうかが問われている。ところがそういう時だというのに、ロシアのプーチン大統領が二〇二二年二月、隣国ウクライナに侵攻した。同国の「ロシア系民族を守る」という名目をプーチン氏は掲げていたが、その後の恐るべき経過は世界が目撃している通り、戦争犯罪を含むウクライナ侵略にほかならない。

家族で買い物を楽しんでいるショッピングモール、保育園、学校、病院、社会的基盤施設（インフラ）まで、ロシアはしつこくウクライナ全土に無差別にミサイル攻撃を繰り返

し、多くの市民、子どもを殺傷している。ロシア軍はウクライナ市民の民家に押し入り、極悪非道な殺生をしている。しかも、家財を略奪しており、軍人というより軍服を着た泥棒集団だ。特に悪質なのは、発電所を爆破していることだ。冬には氷点下となるウクライナ市民を凍死させる目的のようだ。いずれも明らかにテロ行為といえる。

ロシア軍の兵士たちが、ウクライナに侵攻し、一般市民を惨殺している行為を、ロシア国民はどのように思っているのだろう。侵攻反対と叫べば、すぐに逮捕され、一〇年も監禁される――ロシアの現状は、事実上、独裁国家のようである。

プーチンは、ウクライナはもともとロシアの歴史的領土であるなどとも言っている。「国を取り戻す」ための侵攻だと言いたいのだろうが、そんな身勝手な理屈は国際社会では通らない。それに、「歴史的領土」などというものを言うなら、歯舞(はぼまい)、国後(くなしり)などの北方四島、さらに千島列島は歴史的に日本の領土である。

「他国に侵攻しても国際的に問題ない」というような事態を容認してはならない。プーチン政権に対しきびしい批判を加え続ける必要があるが、そのためには軍事的に構えさえすればいいというものではないだろう。国連憲章など、国際法の道理に立った批判で、ロシア政府を孤立させることが大事ではないか。

中国の習近平主席が同国の国家と党のトップであり続けるもとで、台湾が東アジアの国際緊張の一つの焦点にもなっている。中国人民解放軍は、アメリカの下院議長による台湾訪問に対して、二〇二二年八月に、台湾を取り囲む大規模な軍事演習を行っている。これは明らかに武力による威嚇(いかく)であって、国連憲章の第二条が禁じているものだ。

私が気になるのは、ロシアの侵攻、中国の軍事演習、北朝鮮のミサイル発射などにより、どれほど大量の二酸化炭素を排出しているのかという問題である。戦争は、それ自体が人殺しを目的とするものであり受け入れられないし、国連憲章違反でもある。同時に、そこで使われる兵器は大量の温室効果ガスも排出しているはずだ。また、各国は発電による二酸化炭素の排出を減らすため、石炭に代わり液化天然ガス(LNG)を使っているのに、プーチンは突然、反ロシアの国へのLNGの輸出を制限、中止した。再生エネルギー転換の過渡期の各国は、石炭を使わざるをえなくなった。(この件については関連する問題を4でも取り上げる)。

プーチン、習近平、金正恩各氏よ、温暖化は対岸の火事と思っていないか

年間約一五億トンもの二酸化炭素を排出しているロシア。二〇二二年二月にプーチンはウクライナに侵略し、子どもを含め多くの民間人を空爆やミサイルで殺傷している。殺害された幼い子どもを抱えている母親を観て、世界の多くの人々は涙を止めることができなかっただろう。

さらに、プーチンは核兵器の使用をちらつかせて恫喝（どうかつ）しているし、ウクライナのザポリージャ原発近くに砲弾を撃ち込み、核燃料を冷却する電源にまで損傷を与えている。冷却できなくなれば、燃料の崩壊熱で原子炉が爆発する大惨事になるだろう。ロシアはさらに、ウクライナの燃料タンクも爆破している。

こうした非人間的な侵略行為が、どれほどの二酸化炭素を排出しているかを考えなくてはならない。国連気候変動枠組条約締約国会議（COP27）で、ウクライナ代表が発表した報告書で、ロシアの侵略戦争が始まった二〇二二年二月から八月の間に増えた二酸化炭素（CO_2）の排出量は、少なくともオランダの同時期の排出量に相当する約一億トンという試算を示し、また、戦車、戦闘機、ミサイル発射など戦闘そのものによる排出量は、カンボジアの年間排出量四二〇万トンの二倍に相当すると試算している。同代表は、「戦争は温室効果ガスを大量に排出させ、パリ協定の目標達成をより難しくしている」と訴えた。あるいはやや古い話だが、アメリカの「オイル・チェンジ・インターナショナル」というNGOが二〇〇八年に、イラク戦争で一億四一〇〇万トンのCO_2が排出されたという報告書を出しているようである。ミサイルを乱射している北朝鮮の金正恩総書記もそうだが、このような軍事行動に走る国家が存在している限り、温暖化は進行し、人類が生きられる限界が迫っていると、考えざるを得ない。

ロシアの国土の五〇パーセント以上は永久凍土だが、温暖化の進行で凍土が解けてロシアという国は存在基盤がなくなってしまうかもしれない。プーチンという、一人の独裁的な指導者のために、ロシアが危機にさらされるなどあってはならないことである。ロシアの人々、とくにウクライナ侵攻に反対しているロシア人にとっては、あまりにも理不尽である。

世界では、再生可能エネルギーに転換している先進国が増えてきたが、日本は遅れている。日本のような国が、経済効率よりも温暖化をくい止めることを重視して再生可能エネルギーへの転換を果たせば、その姿を、世界の人々に知ってもらい、日本の意向を歓迎してもらうことで、事態の改善が可能な分岐点に踏みとどまれるかもしれない。

我々は、コラム6（一一一ページ）で述べるように、「ポイント・オブ・ノー・リターン」を越えれば、人類が滅亡することを、プーチン、習近平、金正恩らのような、温暖化問題を顧みようとしない指導者たちに理解させる努力をすべきであろう。そんなことには耳を傾けず、覇権国家が世界を支配するというのなら、世界がそうした国家を、経済的に孤立させるべきではないか。世界第二の大国、中国との関係を断つことは難しいかもしれないが、そんな悠長なことを言っている場合ではないだろう。

世界では、熱波により多くの人が亡くなっているが、同時に熱波や低湿度による森林火災が、今後世界で頻発するだろう。二酸化炭素を減少させるどころか、逆に大量の二酸化炭素を排出することになる。

北極圏はどこの場所よりも速く温暖化が進んでいる。二〇二一年、三〇〇〇メートルを超すグリーンランドの山頂で、観測史上初めての降雨が観測された。氷床の融解にも影響している。

地球の気温は徐々に上昇し続け、永久凍土の融解も止まらず、凍土から放出されるメタン（二酸化炭素も）は、今後ますます増加することを考慮すると、分岐点に踏みとどまれるか否かの瀬戸際に、我々は生きているのではないかという気がしてくる。

ロシア、中国は他国を侵攻する、あるいは侵略を考える前に、分岐点に踏みとどまるには、どうすべきかを考えるべきではないか。それをしなければ、人類は滅亡するだろう。

ロシアがウクライナを侵攻したことで、分岐点を超えたかもしれないが、明日から人類が全滅するわけでもないから、人類や他の生き物が一日でも長く生きられるように知恵をつくすべきだ。私はそのために必要なのは、各国指導者、あるいは巨大な多国籍企業が経済効率優先の姿勢を改めることではないかと思う。

同時に、物質的な豊かさより、心の豊かさを最優先すべきであろう。それには、清廉な党への政権交代が不可欠だろうし、専横な国家、市民や多民族に抑圧的な国家をなくすために何をすべきかを考えなければならない。

地球温暖化を遅らせるため、あるいは水圏の魚介類を増やすために、個人ができることの一つは植林である。第3章では、著者が行ってきた植林について述べる。

コラム6　ポイント・オブ・ノー・リターン（point of no return）

現在の地球温暖化は後戻りできるか、できないかの分岐点にさしかかっているように思う。後戻りできない、つまり、越えてはいけない点をポイント・オブ・ノー・リターンという。ティッピング・ポイント（転換点）とか、臨界点ともいわれる。

二〇一六年の米国大統領選挙には、「アメリカ・ファースト」（米国が第一）を前面にたてたトランプ氏が勝利した。次の大統領選では落選したが、私は彼を見ていると、金儲けだけが生きがいで、品格、品性が全く感じられない「政治屋」のように感じる。

「アメリカ・ファースト」とは、自国、自分だけがよければいいという発想である（日本の与党の政治家にも同じような発想の人がいる）。これは、今日のような、各国が経済的にも政治的にも相互に結びつきを深め、相互依存関係の中で繁栄をめざす国際環境の中で、孤立しながら利益を追い求める立場でしかなく、無理がある。地球温暖化問題一つをとっても、自国第一で勝手なことをしていれば、それは米国の社会・企業・国民にも不利益となって跳ね返ってくる。そのことを知るアメリカ人も多数いるから、トランプ大統領の政治的主張は米国民を分断したように思う。

地球環境、温暖化の問題は、今がその防止・事態改善が可能な分岐点、転換点を越えるか、越えないかの瀬戸際かもしれない。人間に生まれた感謝の気持ちがあるのなら、永遠に地球上の生き物が、楽しく生きられる地球を残すべきだろう。そういう義務があるのではないだろうか。それには、この地球環境の危機を招いてきた人間自身が、本来人間が有している倫理観を取り戻すことが大切だ。また、貧富の格差を縮小することも大事である。貧負の差が縮小すれば、多くの国民は温暖化問題を、真剣に考えるのではないだろうか。「分岐点」を越えるのを回避するには、私利私欲、利権、許認可権、既得権益、格差などの在り方を、さらに、大量生産、大量消費、大量廃棄の社会構造を見直す必要があると私は思っている。

我々はこの地球（自然）を借りて生かさせてもらっていると、考えるべきだ。ネイティブ・アメリカンの諺（ことわざ）として「地球は子どもたちから借りているのだ」というものがある。アイヌ民族も同様の考えではないかと思う。アイヌ民族は、自然に畏敬（いけい）の念をいだき、自然からは生活に必要な木材、鮭、熊などを神からの恵みとして、最低限の伐採、漁獲、捕獲をしたようだし、無駄な殺生はしなかった。アイヌ民族の生き方は、世界各地の人に知ってほしいと私は思っている。生き物が永遠に生きられる地球を残すためには、「分岐点」を越えない努力をしなければならない。

4　メタンガスの増加

温室効果ガスといえば二酸化炭素が最大の問題だが、メタンの問題も小さくない。メタンの温室効果は二酸化炭素の二五倍ともいわれており、温暖化の主要因の一つである。メタンの人為的発生源は石油、ガス採掘時の漏洩、廃棄物の埋め立て、水田、牛やヒツジの反芻などだ。自然発生源としては湿地帯、永久凍土の解凍、メタンハイドレートなどである。

メタンハイドレートとは、低温、高圧下の下で水分子間に、メタン分子が閉じ込められた固体状のもので海洋の大陸棚、大陸斜面、深海、シベリアの永久凍土に存在している。

メタンハイドレートから海水中に溶出している少量のメタンは、海水中の酸素により、海水中でほとんど二酸化炭素に酸化される。

海底のメタンハイドレートを採取し、エネルギー源とした場合、石炭や石油の化石燃料よりも二酸化炭素の排出量は減少するが、採取後の海底のメタンハイドレートは、安定に残存するだろうか。

自然界は微妙なバランスで成り立っているから、メタンハイドレートも微妙なバランスが崩れ、多量のメタンが放出されれば、海水中の酸素量ではメタンは酸化されず、大気に放出されることになるだろう。

一九五〇年ごろから、アラスカの北部では、デコボコの道路が多発しているようだ。家屋が傾いたなどと報道されていたが、コンクリートのように硬い永久凍土が解凍し始めたことに起因している。

さらに、シベリアでは二〇〇〇年前後から、永久凍土からマンモスの牙、ほとんど腐敗しないで発見されたマンモス、二〇二〇年には五万年前のオオカミが発掘されている。要するに、永久凍土が急速に融解し始めていることを意味している。

永久凍土には、植物が主に凍結されているが、凍土の解凍と共にメタン生成菌により、メタンガス（二酸化炭素も）が大気に放出されている。気温が低下しないと、永久凍土の

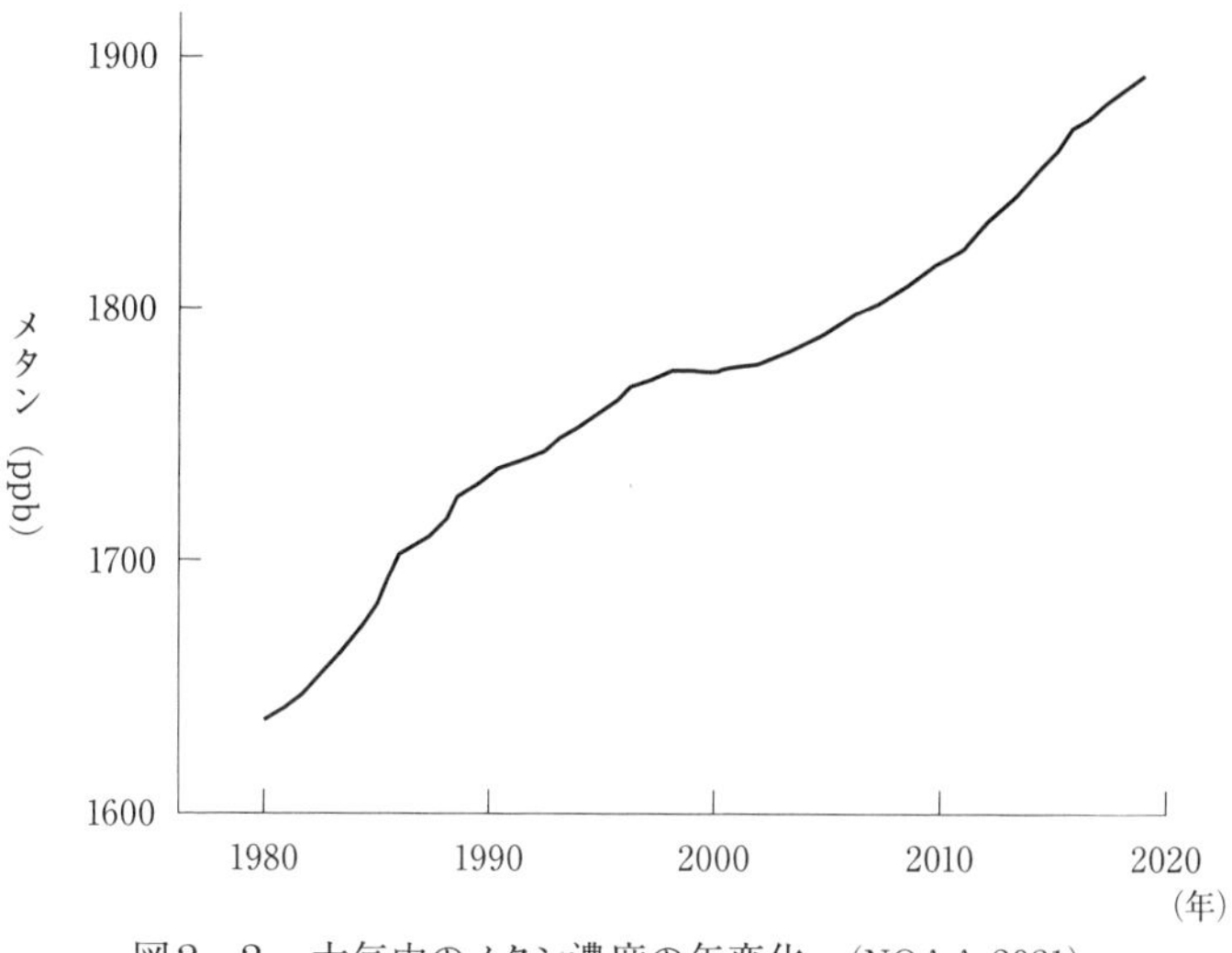

図2－2　大気中のメタン濃度の年変化　(NOAA 2021)

解凍が止まらず、メタン（二酸化炭素も）が放出され続ける。大気中のメタンの経年変化を図2－2に示した。

シベリアでは、定期的に森林火災が発生しており、これまでに日本の面積の一〇パーセントの森林が消滅しているし、燃焼後の灰（黒色）が永久凍土、北極圏の氷の融解を速めている。再度述べるが、白色は太陽光をほとんどすべて反射するが、黒色は逆に太陽光をほとんど吸収するから、黒色に近い灰に覆われると融解が速まる。

二〇一九年、北極圏で過去最高の気温、摂氏三八度が記録された。北極圏はどこの場所よりも速く温暖化が進んでいる。

このままでは永久凍土の融解は止まらず、放出されるメタンも止まらないだろう。

牛などから出るメタンを削減する研究も進んでいるが、個人的には牛の飼育頭数を制限することも考えなくてはならないのではないかと感じている。国連食糧農業機関（ＦＡＯ）によれば、二〇二〇年の世界の牛の飼育頭数は約一五億二六〇〇万頭であるが、飼育頭数の多い国のトップがブラジルで約二億一八〇〇万頭にのぼる（二位インド＝約一億九四〇〇万頭、三位アメリカ＝九四〇〇万頭と続く）。ブラジルの実績はアマゾンの森林を切り開いて大規模な牧場をつくりそこで飼育頭数を増やしたことによるので、森林破壊と一体のものである。つまりメタンを増やすことと二酸化炭素を増やすことが同時に行われてしまっているのだ。

そういうことを考えると、美味しい肉類を食べるのを減らすことも考えなければいけないのではないかなとも思う。牛肉の摂取量を減らせば、アマゾンの牧場を、元の樹木群落に戻すことが可能になるかもしれない。日本の国民は戦後、牛肉を食する回数は多くなかったと思う。近年、牛肉食は人気であり、そのことをどうこう言うつもりもないのだが、もともと日本は四方を海に囲まれていたから、日本人は動物性タンパク質を魚介類から相対的に多く摂取していた経緯もあるので、魚介類の人気がより大きくなれば、その面からも新しい可能性は開けるのかもしれない。

第3章　二酸化炭素を削減する一助として

前章冒頭でもふれたように、温室効果ガスの削減は私たちにとって差し迫った課題である。この章では、中でも二酸化炭素を削減するということについて、私なりにとりくんできたことの周辺から、思うところを綴っておきたい。

1　二酸化炭素の削減に便乗する公共事業

「カーボン・ニュートラル」という単語をしばしば見聞する。二酸化炭素の排出量と吸収量を平衡にさせることである。

たとえば、天然の藻類、海藻・海草はそれぞれ数週間、数年間で二酸化炭素をリサイクルしている。光合成によって二酸化炭素を固定した藻類や海藻・海草は、動物プランクトンやウニ、さらには小型魚、大型魚と食べられるなどして（食物連鎖）、それらの呼吸や死後に分解された二酸化炭素が海中や空気中に出る。それはまたやがて海藻などに吸収・固定される。このようにしている分には、二酸化炭素の排出と吸収・固定は、平衡しているといっていいだろう。こうしたことは太古からの現象で、温暖化には無関係である。

　さらに、海藻や海草の二酸化炭素固定に比べ、はるかに大量の二酸化炭素を固定する陸の雑草も、太古からの現象で温暖化とは無関係である。雑草は、およそ半年間二酸化炭素を固定し、枯死後の半年間は二酸化炭素を放出するから、プラス、マイナスゼロである。なお、枯死後土に埋まった一種の腐葉土もプラス、マイナスゼロである。

　二酸化炭素を固定した陸の草を動物が食べれば、その動物が二酸化炭素を排出し　またそれが植物に吸収・固定される、といったサイクルもあるだろう。海藻などの場合と同じである。あるいは、陸の森から人間が薪を切り出したりして燃料にすれば、その木が固定していた二酸化炭素が、空気中に出ていき、やがてまた植物に吸収・固定される。

　昨今、港湾で二酸化炭素を固定しようとする実験が試みられている。海だから、「ブルーカーボン」と呼ばれているようだ。ブルーカーボンは二〇〇九年に国連環境計画（ＵＮＥＰ）が使い始めた言葉であるらしい。海藻、海草、湿地・干潟、マングローブなどが二酸化炭素を固定することを指していて、それ自体はその通りだが、国土交通省などが考えているのは、既に港湾に設置されている消波コンクリートブロックなどを使った海藻藻場、航路整備で出た土砂を用いた海草藻場をつくり、それらが吸収する二酸化炭素量を算出することのようだ。

第2章で述べたように、大気の二酸化炭素は八〇万年前から産業革命以前まで、氷河期の一八〇ppm、間氷期の二八〇ppmと気候変動による以外、平均二三〇ppmで大きな変動はない。仮に藻場が年間数十億トンの二酸化炭素を固定し、分解されなかったら、大気、海水中の二酸化炭素はそれぞれ一〇〇〇年、五万年程度でゼロになる。大気、海水中の二酸化炭素がゼロになっているなら、いうまでもなく光合成生物が誕生しないから、ゼロになった以後の地球には生き物はいない。つまり、海藻・海草に限らず、特定の光合成生物が分解も受けずに、永遠に二酸化炭素を吸収・固定し続けることはありえないのだ。陸、海の光合成生物による二酸化炭素の収支は、古来から（データのある八〇万年前）プラス・マイナスゼロの平衡状態なのだ。

政府は、ブルーカーボンなどといって、いかにも大量の二酸化炭素を吸収するようなイメージを、国民にうえつけるべきではない。さらに、マスコミも批判のコメントなしで政府に加担すべきでない。以下に示すように、新たに新設しようとしている港湾での海藻・海草藻場による吸収量は微々たるものである。

本書前半を読まれた読者の皆さんには、この事業をするにしても、「海の砂漠化」問題を脇においてしまっていいのかと思われるのではないだろうか。

「砂漠化」する要因もわからないのに、コンクリートブロックを沈設しても、すでにふれたように石灰藻に覆われるのではないか。

仮に、石灰藻に覆われない場合の二酸化炭素（CO_2）の固定量を以下に計算した。なお、ここでは理解しやすいために炭素（C）の固定量とした。炭素から二酸化炭素の固定量に換算するには、CO_2の分子量44、Cの原子量12だから、44／12＝3・7を炭素量に掛け算する。

今、単位平方メートル当たり、コンブが一〇〇本生育し、一〇メートルの幅で一キロメートルにわたりコンブが繁茂したとする。コンブ一本の生重量を四〇〇グラム、水分を九〇パーセント、炭素含有量を五〇パーセントとすると、そこでは二〇トンの炭素が固定される。全国の港湾数は一〇〇か所程度のようだが、五倍の五〇〇か所の港湾としても、固定量は一万トンだ。

一方、陸で五〇年経過した一ヘクタールのスギ林に固定された炭素量は、およそ一五〇トン程度だが、計算を易しくするために一〇〇トンとする。これを基礎に計算してみると、東京ディズニーランドの二倍の面積、約一〇〇ヘクタールに生育した樹木が一万トンの二酸化炭素を固定することになる。つまり、せいぜい東京ディズニーランド（五一ヘクタール）の二倍ほどの面積を持つ森の二酸化炭素の固定量が、五〇〇もの港湾での固定量とほぼ同じなのである。

日本全土では、はげ山がいたるところに存在しているから、東京ディズニーランドの二倍に相当する面積の植林はいくらでも可能だろう。私は、陸の森が豊かになれば、海に腐植物質を通して栄養が供給され、海藻も魚介類も豊かに育つようになるということを提唱してきたので、漁師の方々に陸の植林を呼びかけることもしてきたが、たとえば漁師に日当を支払い、苗木を国や行政が購入しても、上記のスケールの植林であれば一〇〇〇～二〇〇〇万円程度の予算で可能になるのではないかなどと想像する。財政には詳しくないが、長年自分で植林に取り組んできた実感から想像した数字である。その程度の予算で一万トンの炭素を固定できるとすれば（そして植林によって海の豊かさを取り戻すことにもつながれば）非常に有益なのではないか。

ちなみに、二〇一八年の胆振（いぶり）東部地震発生から六年経過したが、被害を受けた農地の九割は復旧した。しかし、四〇〇〇ヘクタールの森林再生はほとんど行われていない。東京ディズニーランドの一〇〇倍弱の面積であるが、北海道の面積から見れば微々たる面積だ。

こういうケースも含めて、取り組むべき森林再生事業には、日本は事欠かないのである。港湾でのブルーカーボン事業は、何百億円か何千億円かはわからないが、優先順位としては上位に置くべきではないだろう。それでなくても、無駄なダムや港湾整備など大規模な公共事業に多くの予算をつぎ込んできたのがこの国である。無駄金を使うのを止め、予算を本当に効果のある形で使っていかないと、ほんとうに国が亡びてしまう。

無駄金といえば、私が現職時代、新エネルギー・産業技術総合開発機構（NEDO）が、二酸化炭素削減の研究だったと記憶しているが、一研究に一億円を補助し、一〇〇件、合計一〇〇億円を補助したことがあった。

某大手民間勤務の友人が来函し、「その補助金の研究が採択されたから、植物プランクトンを増殖させて、二酸化炭素を減らす研究をしたい。一日に五～六回も分裂するプランクトンがないか」との質問であった。五～六回も分裂し、増殖するプランクトンは存在しないが、仮にそんなプランクトンが存在していたとしても、増殖したプランクトンを化石燃料の代わりに、エネルギーとして使わないと、二酸化炭素を削減したことにならない。

数十マイクロメートルのプランクトンの回収はどうするのかを問うたが、回収は考えていないとの返答だった。エネルギーに使わずに、放置すれば二酸化炭素と水に分解され、大気中に戻るだけで、全く意味のない無駄金である。

これらのような無駄金を使っても、何の意味もないし、漁師には何の恩恵もない。藻場を育てるのであれば、先に述べたように、海藻を食する魚を一匹数千円で漁師から買い上げる、漁師の植林活動に一日数万円を援助するなどすれば、海藻を守りつつ漁師さんたちの生活の支援にもなる。漁師の数が激減することもなくなるのではないだろうか。

私には、現実と科学的知見に即して考えれば当然のそういう発想をあえて無視し、「ブルーカーボン」をことさらに進めようとする官僚、役人、政治家は、経験上、どうもそれを利権のネタにしようとしているように見えてしょうがない。仮に、公的な立場にある人が、自分のために税金を無駄遣いするのだとすれば、心が痛まないのだろうかと思うから、よもやそんなことはないのかもしれないが、しかし過去の大規模公共事業利権を見ていると、そんな想像をしたくなる国民がいることを、政治家たちには自覚してもらいたい。

2　消費電力の削減とエネルギー・食料の地産・地消

電気を無駄につかっていないか

日本の二酸化炭素排出量はおよそ一二億トンである。「気候ネットワーク」によれば、排出源の半分は超大口事業所、つまり大企業で、石炭火力発電、高炉製鉄などであり、中小企業や家庭は排出源としては四分の一強であるという。大企業の事業活動における二酸化炭素排出をどう規制するかが課題であるのはその通りだろう。同時に大企業の事業活動は大なり小なり、我々の日常の生活に関係している。電気、ガス、水道などは誰しも使っているし食料品、トイレットペーパー、宅配など現代の生活の全てが二酸化炭素の排出につながっているといっても過言ではない。

魚と二酸化炭素とのつながりはないように思うかもしれないが、漁船は重油や軽油を燃料として、魚を漁獲している。つまり、魚を食べれば間接的に二酸化炭素を排出していることになるのだ。また、トラックなど自動車による魚の輸送も二酸化炭素を排出している。

そういう意味では、社会全体で二酸化炭素の排出規制をすすめる、その機運を盛り上げる（これは政治の力によることが大きいと思う）とともに、私たちの生活感覚を変えることで、大企業の事業活動にある種の影響を及ぼし、二酸化炭素排出規制を促進することもあるかもしれない。

たとえば、コンビニが増えている現在、公共施設を除いて、道路に設置されている飲料水の自動販売機は必要だろうか。自動販売機は年間一〇〇万トン程度の二酸化炭素の排出と、三〇万世帯に相当する電気量を消費している。

昼間のように明るく輝くネオンサイン、イルミネーション、深夜のテレビ放映などなくなって困る人が多くいるのだろうか。暗闇では夜道が恐ろしいかもしれないから、街灯を増やすことで解決するのではないか。

昨今、野菜の季節感がなくなってきている。夏や冬には、農家はビニールハウスで主に野菜を栽培しているが、冷暖房で石油、電力を使いどれだけの二酸化炭素を排出しているのだろうか。

季節の野菜、果物を食していた数十年前、何か生活に不都合はあったのだろうか。これは小さなことではあるが、そうしたことの積み重ねも、高じれば温暖化に結びつくという視点を忘れたくはない。たとえば、次の節で述べるように、バイオマス発電の排熱によるハウス農業を普及するか、あるいは全固体電池が開発され、再生可能エネルギーの地産地消が確立するようになれば、ハウス農業を、環境負荷を大きくせずに行うことも可能になるだろうと思う。そういう状況を待つことも必要だろう。

なお、既にバイオマス発電の排熱を利用するハウス栽培は行われている。またその条件がない場合も、国が農家に対し、米の麺用稲作、小麦の作付け、植林などの事業を通して援助を行うようにすれば農家の所得減少にはつながらないのではないかと思うがどうだろうか。

人間を含めた動物は食糧と水があれば生きていける。水を貯え、ドングリの実や果実のなる山林、米や小麦などを生産する農地、動物性タンパク質の水圏が存続すれば、車はなくても人間は生きられる。人間の身勝手が続けば、温暖化が進み、人間が生きられる条件は失われてしまう。それを防ぐために、社会全体で取り組む必要がある。ここに私が示したことは、その一例にすぎない。温暖化防止のために、社会のすべての構成員が「わが事」として、問題に取り組み、温室効果ガス削減のために必要なことを議論・共有することが求められているだろう。

原発再稼働よりも地熱発電

温室効果ガスを削減するために化石燃料の使用から脱却すべしというと、原発を利用すべきだという人がいる。老朽原発の再稼働や原発新設をうちだした政府与党もそうである。そういう人たちは福島第一原発の事故の教訓をどう考えているのだろうか。何年も人が住めず地域の生活も経済も失われる、事故から一〇年以上が経過しても、事故そのものの収束のめどが立たない——こうしたことが原発事故というものである。あるいはより深刻な事故もあり得たことは、多くの犠牲をもたらし今なお周辺に人が住むことのできないチョルノービリ（ロシア語の呼称はチェルノブイリ）原発事故（一九八六年）の例からもいえることだ。原発依存のエネルギー政策とは決別しなければならないことを、直視する必要がある。

エネルギー源がほかにないという人もいるが、ではこの十数年、再生可能エネルギーを何故推進してこなかったのか。「原子力村」と呼ばれる、原発に群がる利権集団に配慮したのだろうか。さらにいえば、青森県の使用済み核燃料再処理施設、あるいは福井県の高速増殖炉〝もんじゅ〟に、何兆円もの税金を使って、再処理施設はいまだに実用運転の見通しは立たず、「もんじゅ」は廃炉が決まった。「原子力村」にはとんでもない規模で、税金から無駄金が投入されているのだ。こうした利権がらみのため、再生可能エネルギーの推進には、積極的に手を出せないのではないか。

福島原発事故の避災者らが国に損害賠償を求めた集団訴訟の上告審判決で（二〇二二年六月）、最高裁は「津波は想定よりも規模が大きく、国が東電に安全対策を命じても原発事故は防げなかった可能性が高い」との判決を示した。原発をつくらせてきたのは政府である。その安全性を担保することも含めた政策上の責任は国にある。国の責任でないのなら、誰の責任なのか？

私には、この判決は、「原発事故は防げない」ということを認めているようにも読める。原発事故が防げないとすれば、「今後も事故は起こりうる」ということを、この最高裁判決は認めているのではないか。

それでも、国は原発を再稼働しようとしている。最高裁の判決を無視していいのだろうか？　日本の発電において原発が占める割合（電源構成）は二〇一九年六パーセントだという。国の第六次エネルギー基本計画によれば、二〇三〇年にはそれを二〇～二二パーセントまで引き上げるという。現在の三倍以上、一九八〇年代の水準まで拡大するというのだ。事故が防げないとわかっているものをこんなに拡大するとは狂気の沙汰である。

二〇三〇年に二酸化炭素の排出量を、四六パーセント削減すると日本政府は国際公約しているが、「神の領域」である原発の再稼働でそれをしようと考えているのなら、あまりに浅はかといわねばならない。地震などによる原発事故で、日本は破滅するのではないだろうか。

東日本大震災という悲劇的な体験によって、そこから学んだことに真摯に向き合うべきだ。私たちはこの地球を借りて生かさせてもらっているのだから。

火山国日本には、一〇〇万キロワット原発数十基に相当する二〇〇〇万キロワットの地熱資源があり、日本の全世帯の二〇~四〇パーセントもの電力を賄える。太陽光、風力などの発電は天候に左右されるが、天候に無関係な地熱発電をなぜ推進してこなかったのか、疑問に思う。

コラム7　原子力発電は「神の領域」

未知のウイルスを含め、多種の生命が宿っている熱帯雨林は、これ以上手を加えてはいけない「神の領域」だと思う。原発も、原発事故で飛散した放射性物質の拡散を制御することは、極めて困難なことから「神の領域」だと思う。こちらは熱帯雨林のように保護・維持するのではなく、これ以上の新増設はもちろんやめ、かつなくしていくべきだろう。

二〇一一年の東北地方太平洋沖地震により、巨大津波が福島第一原発を襲った。原発は核燃料の崩壊熱を冷却しなければならないが、その冷却に必要な電源も使用不能になった。冷却できなかったから、核燃料物質が詰まっている管（ジルコニウム合金）が高温になり、ジルコニウムが水蒸気と反応し水素ガスが発生した。水素ガスは空気よりも軽いから、原子炉建屋の天井付近に集まり、水素爆発が起こった。

その結果、原子炉建屋が吹っ飛び、放射性物質が放出・拡散し、さらに原子炉内の核燃料が溶解（メルトダウン）する大惨事になった。

なお、核燃料（ウラン）が連続的に核分裂し、それが持続する状態を臨界という。核分裂を制御して、エネルギーを利用するのが原発である。一方、短時間で分裂が起こり、瞬時に臨界になった場合が原子爆弾である。

福島第一原発で、一九八六年のチョルノービリ原発事故のように、核燃料が詰まっている原子炉が爆発していたら、首都圏いや近畿圏まで、放射性物質が拡散する事態になっていただろう。放射性物質が首都圏まで拡散していたら、今頃日本はどうなっていたのだろうか。神が一度だけ、日本という国の滅亡を助けてくれたように思う。

日本の滅亡は回避されたが、福島原発近辺で暮らしていた人々は、事故により人生を狂わされた。誰も責任をとらない日本、情けない思いだ。二〇二二年夏、国や電力会社は、冬には電力が逼迫するからと、個人にも節電を呼びかけていたが、電力の逼迫は原発事故後からわかっていたことである。であるなら、地熱、風力、太陽光、小規模水力など、再生可能エネルギーに、なぜ全力を注がなかったのか、不思議だ。そのツケが、電気料金など、エネルギーの高騰である。エネルギー問題のように、公共性の高い領域の経済状況は、単に市場にまかせるだけでは改善・進展しないといえるだろう。再生可能エネルギーの普及のような課題こそ、政府が人も予算もかけて政策推進を図るべきである。一部の大企業の利益のために、無駄な公共事業に血税を使っている自公政権では、国の将来は真っ暗だ。

岸田総理は二〇二二年八月に、休止中の原発の再稼働だけにとどまらず、原発の稼働期間延長を言い始めた。現在は四〇年とされる原発の運転期間を、一回に限り二〇年を超えない範囲で延長できる。つまり最大六〇年が運転期間となっている。これにさらに運転を停止している期間を除外し、その期間、例えば一〇年なら一〇年を六〇年に加算して延長できるように提案している。

この提案について、理系の学生は誰しも学んだと思うが、「エントロピー増大の法則」を忘れていないか。簡単にいえば、自然界の建造物は壊れ、バラバラになる方向に進んでいるということだ。鋼材でもコンクリートでも運転停止中でも壊れる方向（老朽化）に進んでいるのだ。

　たとえば、一〇年前に新築した家に、全く住んでいない（停止中）からといっても、新築とは認められないのと同じだ。停止中の一〇年を加算する提案は間違っている。

　地震の多発する国で、既存原発を再稼働するだけでも、私にはまともな神経とは思えない。次に原発事故が起こった時のことをどう考えているのか。事故の内容次第では、多くの国民が日本に住めなくなる恐れもあるのである。どこの国に移住したらいいのか？

　岸田政権の人々に、原発事故で人生を狂わされた福島県民に対し、思いやる人間としての心はないようだ。再稼働も運転期間延長も、福島県民への冒瀆（ぼうとく）ではないか。フランスでは多数の原発が稼働しているという人がいるが、フランスは地震国ではない。地震の活動期にすでに入っている日本にあてはめて考えることは非科学的といわねばならないだろう。

　福島第一原発の事故後に溜まっている「処理水」の海洋放出が問題になっている。政府は放出してもいいという「根拠」として、原発を有するどこの国でも、環境への放出をしているということを挙げているが、原発が通常に運転している際に出す排水と、福島第一原発の「処理水」の放出とは全く異質の問題だ。

　前者は、発電に用いた高熱の水蒸気の冷却に海水を使い、使った海水を放出している。いわゆる、温排水であり水は核燃料には直接触れていない。

　一方、福島第一原発では、核燃料が溶融したデブリを事故後に冷却した水や、原子炉建屋に流れ込んだ汚染水だから、高レベル、高濃度の放射性核種（物質）で汚染されている。それを「処理」し、トリチウム以外の核種を低濃度にしたとしても完全に除去はできない。温排水と原発事故「処理水」は全く異なる。

著者は、極低濃度のため測定不可能な海水中のメチル水銀（Hg）が、食物連鎖によって、高次捕食者に蓄積される水銀（メチル水銀）の濃縮機構の研究も行ったことがある。海水中の無機水銀（Hg^{2+}）濃度は一リットル当たり数ナノグラム（10^{-9}グラム）である。一方、メチル水銀はあまりにも低濃度のため検出不可能であるにもかかわらず、マグロの水銀の大半はメチル水銀である。なぜ、こんな不思議な現象が起こるのかについて説明し、放射性元素の取り込みについて考える。

陸、大気から海に流入する水銀はHgという無機元素である。海洋に流入した水銀は、海底に沈降する鉄などの沈降物質に吸着し、海底に沈積する。還元環境下でバクテリアが長い年月を経て、水銀をメチル水銀にメチル化する。形成されたメチル水銀は海水に溶出する。

図3－1は一九七四年に円柱状に採泥された外洋（オホーツク海）の柱状堆積物のHg、有機態窒素を、図3－2は銅（Cu）、亜鉛（Zn）、鉛（Pb）、鉄（Fe）の鉛直分布を示した。Cu、Zn、Pb、Feは表層から二メートルの深さでも、表層の濃度と同じである。一方、Hgや有機態窒素濃度は五〇センチメートル程度から減少している。

昭和四〇年代、日本で工場廃水により河川や閉鎖系の湾が、有害金属などで汚染された時代には、大阪湾の堆積物中のHg、Cu、Znなどの鉛直分布は図３－１のHgや有機態窒素のように、表層で高濃度の分布をしていた。この理由は工場廃水によって汚染されたからである。

　閉鎖系湾の堆積速度は年間一〇ミリメートル程度である。水深数千メートルの外洋の堆積速度は、湾の一〇〇分の一（〇・一ミリメートル）以下と思われるが、仮に一ミリメートルとしても、五〇センチメートルの堆積物は少なくとも五〇〇年前に堆積したことになる。

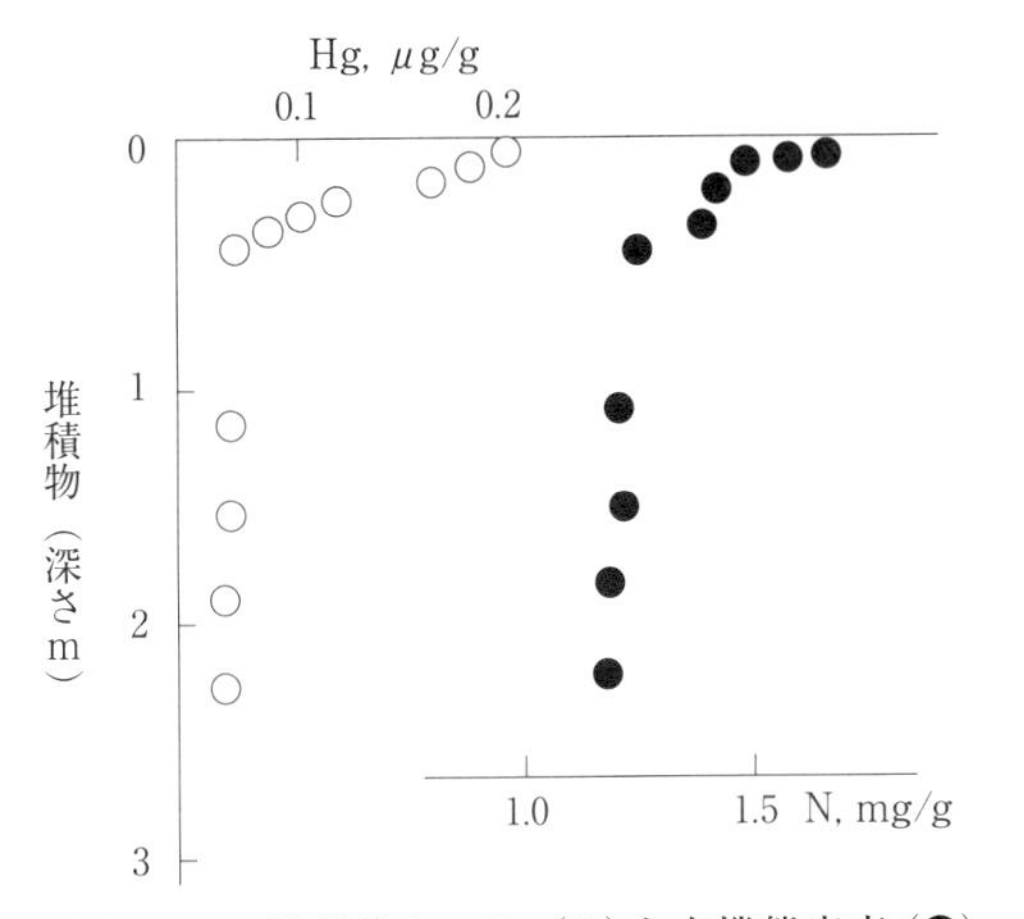

図３－１　堆積物中のHg（○）と有機態窒素（●）
（Matsunaga, K. et al : Geochemical J. 12. 287, 1978
原図の英文を和文に変更して掲載）

　産業革命以前の数百年前から外洋が有害金属で汚染されていたなどということはありえないから、図３－３の斜線部分は、メチル水銀として、有機物の分解により生じたアンモニア（NH_3）として海水に溶出したからだといえる。なお、外洋は水銀に汚染されていないことも報告している（Matsunaga

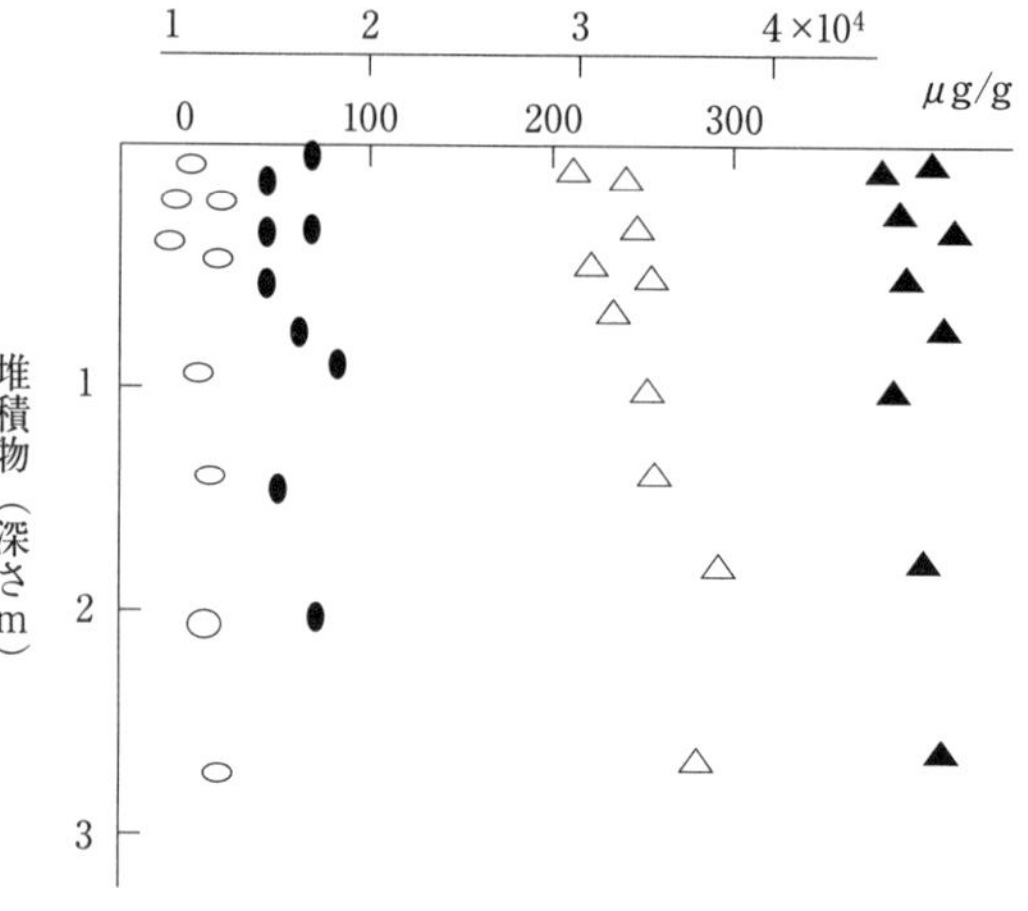

図3−2　堆積物中のPb（○）、Cu（●）、Fe（△）、Zn（▲）
（出所は図1−1と同じ。原図の英文を和文に変更して掲載）

et.al.1975, Matsunaga, 1976）。

堆積物から溶出した海水中のメチル水銀はあまりにも濃度が低く、測定はできない。しかし、植物プランクトン、動物プランクトン、小魚、大型魚という食物連鎖で濃縮され、植物プランクトンの〇・〇一ppm（一〇〇万分の一）はマグロには一〇〇倍の一ppm程度に濃縮されている。

その理由は、海水中の水銀濃度ではなく、溶存形態によって魚への濃縮量が大きく異なるからである。さらに、光合成生物に不可欠な鉄（Fe）は、Fe^{2+}とFe^{3+}の電荷を有し、マンガン（Mn）はMn^{2+}とMn^{4+}の電荷を有している。酸素の存在下で、Fe^{2+}は一時間程度でFe^{3+}に酸化され、固体の水酸化鉄になる。一方、Mn^{2+}は一〇〇年という年月でも、固体のMn^{4+}に酸化されない。Fe^{2+}、Mn^{2+}は生体に容易に取り込まれるが、固体の鉄、マンガンはほとんど生体に取り込まれない。そこで、Fe^{3+}の一部は有機物質と結合（錯体）し、生物に取り込まれる形態で溶存している。その有機物は第1章の2で記述している「フルボ酸」である。マンガンは溶存のMn^{2+}だから、生物は容易に取り込める。

金属の生体への取り込みについて、放射性元素は非放射性元素と質量数が異なるだけであり、また、環境中にあるトリチウムも水と同じ化学式だから、放射性元素が優先的に取り込まれるとは考えられない。しかし、水銀の取り込みで述べたように、考えなければならない事項は、放射性元素の溶存形態と電荷である。考慮されているのだろうか。

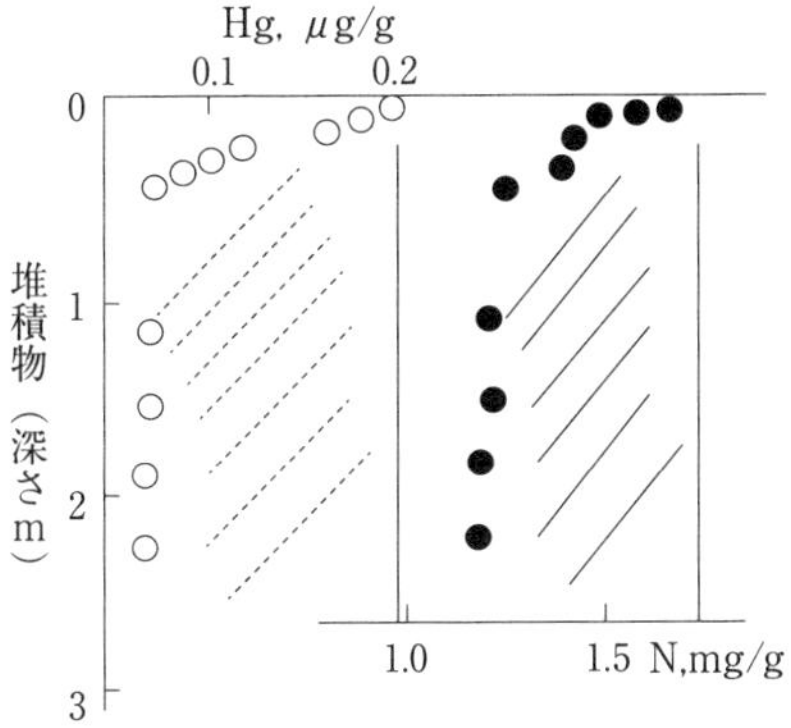

Hg, μg/g
0.1 0.2
0
1
2
3
堆積物（深さm）
1.0 1.5 N,mg/g

○堆積物のHg ●有機態窒素(N)、斜線部分は海水に溶解したメチルHgとアンモニア(NH_3)

図3−3 海水に溶出したメチルHgとアンモニア

＊

なお、このことを書いていて思い出したことがあるので書き残しておきたい。

水俣病が起きた後、研究者や被害住民の努力によって、この病気が水銀（メチル水銀）によることが明らかになり、マグロや深海魚の水銀濃度が極めて高かったため、大きな社会問題になった。そのため、国民は魚を食べることを躊躇（ちゅうちょ）した時期があった。そこで、著者が助手時代、水銀に関する委員会が国に設置された。

当時、海水、淡水中の正確な水銀濃度は報告されていなかった。低濃度のため、濃縮しないで測定する分析方法がなかったからであるが、その濃縮過程で水銀汚染があったため、分析は困難だった。

私は高感度、無汚染の画期的な分析方法を開発し、海水など水圏の水銀濃度を雑誌『Ｎａｔｕｒｅ』などに報告した。そのため、私は水圏の水銀に関しては、第一線の研究者であったが、上記の委員会には呼ばれなかった。

委員会のメンバーは〝水銀〟の〝す〟の字も知らない人たち、何を議論したのか、これで何が解明されるのか、国の行政とは何なのか、著者は不信感を抱いたのを記憶している。要するに、環境などには素人でも、国民には大学教授の肩書で不信感を抱かせないよう、官僚の筋書き通りにことを運ぶのが目的だったのではないか。

委員会メンバーは魚の専門家かもしれないが、水銀などの環境は素人だから、委員を辞退するのが学者だと思う。しかし、誰も辞退しなかったようだ。その後、私が実体験や勉強を通して知り得たことだが、国とか地方でも学識者で構成する委員会の委員への謝礼は決して低額ではない。肩書で委員になるだけにしては、その謝礼の面ではいわば「美味（おい）しい」仕事ともいえるようだ。委員会を開催する官僚や役人にしてみれば、委員への謝礼は、もしかしたら、事務局などを担う役人の「筋書き」（?）通りに委員が賛同してくれたことへの感謝ではないかというようなことも勘ぐってしまう。マスコミなどの取材がない委員会では、現在でもこのような仕組みは何も変わっていないように思う。

　私は、委員会が必要ないとかそこに参加する研究者が皆、研究者としてふさわしい仕事をしていないなどというつもりは全くない。むしろその逆に近い意見を持っている。本来なら、政策や行政に科学的視点を反映させるうえで、こうした委員会は非常に大切な存在であり、そうした役割を果たしている研究者も決して少なくないだろうと信じている。謝礼にしても、それにふさわしい仕事をしているのであれば問題ないだろう。それだけに、私の経験したこうしたありようが残念でならない。

全固体電池

太陽光、風力発電などは電気を貯める蓄電池が不可欠であるが、従来のリチウム電池は可燃性の有機電解液を使用しているため、発火、爆発などの事故はゼロではない。コラム3「研究能力の低下」（八二ページ）で述べた〝もんじゅ〟の冷却材に使用されていた、ナトリウムは水、水蒸気に反応し、水素ガスを発生し爆発する。リチウムもナトリウムと同じ、周期表の第一族元素であるから、水、水蒸気と反応する。従って、水溶液は使えないため、危険ではあるが有機物質を使っているのだ。

この電池はスマートフォン、コードレス掃除機、ノートパソコンなどに使われているが、電池が強い衝撃を受けると、火災につながることもある。

危険な有機電解液から、安全な無機固体電解質を使った電池（全固体電池）の開発が進行している。なお、全固体電池にもリチウムが使用されているため、全固体リチウム電池ともいわれている。無駄な公共事業を止めて、安全な全固体電池の開発、地熱、太陽光、風力、小水力などによる再生エネルギーの推進に注力すべきだ。

全固体電池の開発は日本が先頭を走っていたが、中国、欧州も実用化に向けた動きを加速させている。世界では、二酸化炭素を排出しない電気自動車（ＥＶ）への転換が進んでいる。

米国カリフォルニア州では、二〇三五年までにガソリン車やハイブリッド車の販売は禁止のようだが、日本ではガソリンを使うハイブリッド車を新車販売の規制対象から外すようで、世界から日本は取り残されるように思える。

水素ガスをエネルギーとする車も製造されているが、水素製造には、石炭や天然ガスが主である。しかし、石炭や天然ガスなど化石燃料を使ったのでは二酸化炭素の排出規制にとっては意味がない。水の電気分解での水素ガス製造は二酸化炭素を排出しないが、ＥＶ車の充電同様、再生可能エネルギーでないと温暖化防止には役立たない。

日本は、ガソリンエンジンには優れた技術を有しているため、世界は日本車を高く評価していたが、ＥＶ車の命は全固体電池である。この電池の開発に負けると、日本車はどうなるか？

全固体電池は車のみならず、太陽光発電などの電気を貯めることにも重要な役割を果たす。安全でコンパクトな全固体電池が完成すれば、各家庭で太陽光の電気を蓄えることができ、自宅でＥＶ車の充電も可能になるだろう。

今、我々や行政にできることは、省エネの徹底などで便利で快適な生活レベルを少し見直すこと、下記に述べるようにエネルギーの地産・地消にも補助をすることだろう。

バイオマス発電、牛肉食するよりも魚介類

昨今、木質バイオマス発電が急拡大している。五〇〇〇キロワット程度から七万キロワット程度まで、さまざまであるが、数千世帯から数十万世帯の電力を賄える。私有林の間伐、伐採後の植林を援助すれば、さらに、バイオマス発電を増やすことが可能になり、一

石二鳥の効果が得られるのではないか。

しかし、輸入した外材を用いた発電も行われている。懸念されていることは、木材輸出国は間伐ではなく皆伐しており、貴重な山林が丸裸になっていることだ。

手間のかかる間伐では利益が少ないのかもしれないが、廉価だからといって安易にそれに飛びつくのでは、本来の趣旨を見失う。木材を輸入する立場の日本も現場を知る必要があるだろう。さらに、船での輸送は大量の二酸化炭素を排出しており、輸入木材が温暖化防止に役立っているのか、考慮が必要だろう。

日本におけるその他のエネルギー源として、小規模水力発電も大事だろう。山の森林を管理すれば、夏でも冬でも山から流れる水量は大きく変動しない。河川水量を用いて発電し、大容量の電力を蓄えられる全固体電池を備えれば、村のエネルギーは地産地消、二酸化炭素を排出しない、理想的な村になるだろう。

酪農が盛んな市町村では、酪農家が多くの牛を飼育しており、多量の糞尿が川、湖、海を汚染し、漁業者や酪農家を悩ませていた。しかしながら、やっかい物の糞尿を発酵させ、生成したメタンガスによる発電、並びに排熱によるビニールハウス農業が行われている。

メタンガスを液体メタンにすれば、タンクローリーでどこにでも容易に運べ、発電などに使用できる。メタンを燃焼すれば、二酸化炭素を排出するが、糞尿は現在の大気中の二酸化炭素を主原料として、光合成された牛の食糧の残りかすだから、光合成で取り込んだ二酸化炭素を大気に戻しただけで、プラス・マイナスゼロである。

牛など反芻（はんすう）する動物はメタンを放出している。メタンの放出を抑える物質を餌に混ぜる試みもされているが、すでに述べたように、肉食をほどほどにすれば、牛の飼育頭数を激減させることが可能になるのではないか。

一九七〇年には五五〇万平方キロメートル存在していたアマゾンの熱帯雨林は二〇二〇年では、日本の国土の三倍に相当する二〇パーセントも激減した。このままでは、いずれアマゾンは丸裸になってしまうだろう。日本人は第二次世界大戦前、戦後、牛、ブタ肉を食べる機会は必ずしも多くなかったと思うが、四方を海に囲まれた日本、魚介類を食することで長寿国になっているではないか。肉食から魚介類、野菜中心の生活に戻れば、熱帯雨林の放牧地を再生し、元の熱帯雨林に戻す条件が生まれるのではないか。そうすれば、牛などの反芻によるメタンも減少するし、数十億トンの二酸化炭素が削減できる。

なお、漁業を重視するにしても、遠洋での漁獲は多くの重油を消費するため、大量の二酸化炭素を排出する。したがって、沿岸海域の魚介類を食することが重要だ。

日本人の米の消費量が年々減少しているから、米農家も同様に減少しているようだ。耕作放棄水田や畑が増加し、その面積は埼玉県の面積にも匹敵するという。

一度放置すると、元の水田や畑に戻すには、時間と費用がかかる。一九九三年に日本の米生産量が冷夏のため激減し、インディカ米を主にタイから輸入したことがある。世界で何が起ころうとも、国民を餓死させないように、食料自給率を現在の三八パーセントから八〇～九〇パーセント程度まで高めることが必要ではないか。

情報通信技術（ＩＣＴ）や人工知能（ＡＩ）を用いたスマート農業が普及し始めているが、この投資には一農家あたり五〇〇〇万円も必要だという。投資にためらっている農家は、先がみえないのだろうと推測する。農業を支援し自給率を上げることを目指すなら、現に農家が取り組んでいる生産活動から出発して、無理なくとりくめる支援を強めるべきだろう。ＩＣＴやＡＩを使った農業を否定するつもりはないが、現に生産者がいるのだから、その実情や身の丈に合った政策メニューを提供することに国は注力すべきである。

3　高校同期の山林王の話と植林のこと

日本の森林面積は国土の六六パーセントを占めている。内訳は、国有林が三一パーセント、公有林（市町村）が一一パーセント、私有林が五八パーセントで最も多い。私有林は個人の私財であるが、同時に水源涵養（かんよう）、土砂災害防止機能、生物多様性保全機能など公益的な役割をも担っている。

高校時代、「山林王」と呼んでいた友人がいた。卒業して数十年後には、私の山の師匠でもあった。彼は大学卒業と同時に郷里に戻り、父親の後をついで林業にいそしんだ。昭和四〇年初頭、木を数本売れば一日の人夫賃の支払いができたし、大学を卒業後まだ数年しかたってないから、大金の使い道に困ったと話していた。

当時は、森林の価値はきわめて高かったようだ。しかしながら、昭和三九年に木材の輸入自由化が実施された。昭和五〇年頃になると、海外から安価な木材が大量に輸入されたたため、国産材価格は暴落した。

　もともとの山の樹木は、針葉樹と落葉樹の混交林であったが（照葉樹林帯も存在する）、成長の速いスギやヒノキの植栽のため、樹木を皆伐し密集して植林するやり方が採用された。成長した針葉樹は間伐をしないと、太陽光が遮られるためモヤシのような細い樹木が林立している。

　間伐の有、無での年輪を写真３－１に示した。左のスギは樹齢四〇年、右は五〇年であるが、間伐された左側のスギは、一〇年遅れて植林されたにもかかわらず、未間伐の右側に比べ明らかに成長が速い。未間伐のスギは太陽光が他の密集したスギに遮られ、十分な光合成ができなかったからである。

　間伐しないと樹木は成長しないから、山（木材）の価値も低下するということのようだ。先の友人は、昭和四〇年代には森に入り、間伐し、枝打ちをしていた。

　混交林の山の地盤は強固だといわれている。それは、針葉樹と落葉樹の根の張り方が異なるからだと思われる（写真３－２）。地中に深く根を張る針葉樹、網のように平面に根を張る落葉樹との、相互作用で土砂崩壊を防いでいる。なお、寒冷地ではヒノキは生育しなくて、ヒバになるが、ヒノキ＝ヒバと考えてよい。

廉価な外材の輸入と共に林業での生活は難しくなり、間伐することもできなくなり、森が放置されるケースが増えていったようだ。

老木になると、光合成による二酸化炭素の固定量と、呼吸による放出量はほぼ同じになるし、枯死した樹木は二酸化炭素を放出する。それゆえ、質のいい大木は建材などに使い、

写真３－１　スギの年輪、左：樹齢40年、右：樹齢50年

写真３－２　ヒバ＝ヒノキ、ミズナラの樹根

五〇〜一〇〇年も家屋として使用すれば、長期間二酸化炭素を固定できる。伐採した大木のあとに若木を植林すれば、二酸化炭素はどんどん固定される。

日本人一人が生活のために排出している年間の二酸化炭素量は、約一〇トンである。樹木一本は一トン程度の二酸化炭素を固定するから、一〇〇歳まで生きるとすると、一人一〇〇〇本植林すれば、自分が排出した二酸化炭素は自分で回収したことになる。

第1章で述べたように、日本海沿岸海域が「砂漠化」した原因は、陸の森林でつくられる腐植土がさまざまな理由で不足するようになったことに起因しているから、私は、二酸化炭素の削減と海の砂漠化を防ぐために、一九九一年に〝どんぐりを植える会〟を立ち上げ、植林を始めた。

後述する東南アジア（タイやベトナム）や米国での植林を含めると、私は、一〇〇〇本以上植林した。国内で国民一人が一〇〇〇本の植林は困難かもしれないから、他国での植林も考慮する必要があるようだ。次に、タイでの植林について述べる。

4　タイでの経験から

（一）ラテライト土壌への植林と樹木の年輪

タイには国際協力機構のアドバイザーとして、同国からの留学生の研究課題（マングローブの食物網）のため何度も訪れた。上空からタイの大地を見ると、乾季だったためか緑の全くない赤茶けた不毛の地だった。

赤褐色の土地は熱帯域では、普遍的な現象である。岩石が風化後、雨水に溶けやすいナトリウム、カリウム、カルシウム、マグネシウムなどの金属は雨水とともに川から海に流出するが、水に溶けづらい鉄やアルミウムが水酸化物として残存するから、赤褐色の土壌になる。

この土壌は鉄が主成分でラテライトと呼ばれている。一方、アルミニウムが主成分の鉱石はボーキサイトと呼ばれ、アルミニウムの原料である。

ラテライトには、生物の生育に不可欠なチッソ、リンなどが存在しないため、雑草も生育しない。むろん野菜も生育しない。私がタイに滞在していた時に、タイの研究者が不毛の地に植林するというので、私も一緒に植林した。次の年に植林した場所を見に行ったが、予測通り植林した苗木は枯れていた。

それと、栄養素よりももっと重要なのが光合成に不可欠な水であるが、森林が消滅する、すなわち、雨水を貯める機能もなくなっているため、仮にチッソ、リンなどの栄養素が存在していても植物は生育できない。

タイの森林面積は一九六一年には、国土の五三パーセントを占めていたが、一九八一年には二七パーセントにまで激減した。このため、プミポン前国王（故人）は、国民に植林をすることを奨励し、国民は競って植林を始めた。

前国王がいかに国民に敬愛されていたかは、同氏の誕生日（一二月五日）前後一か月半以内にタイを訪れると、全国でお祭りのように誕生日を祝福していたことからもよくわかった。植林が進んだ結果、二〇二〇年には森林面積は四〇パーセントにまで回復した。

熱帯地方では、先に述べたように、森を伐採すると土壌は赤褐色のラテライトに変貌する。一度伐採すると再度森に戻すのはきわめて難しい。植林後、数年間下草を刈れば順調に生育する日本の環境とは全く異なるのである。

南部のラヨン県バンペイ村の、日本の援助で建設された東部海洋漁業開発センター（EMDEC）の敷地内に、私は一九九二年に植樹した。苗木を職員が面倒をみてくれたおかげで、今では（二〇二二年）大木に成長している。ラテライト土壌に植林しても、五年間ほど手を加えれば森といえるほどに成長するようだ。

樹木の年輪についても触れる。夏、冬の寒暖差が大きい日本の樹木には、鮮明な年輪が見られるが、寒暖差が小さい熱帯域の年輪はどうなのか？

タイ南部で、光合成を行う日中の最高気温の年変動は摂氏数度程度だから、年輪は明確ではないと思っていた。しかしながら、写真3－3のように、タイで生育している樹木の年輪は明瞭であった。

熱帯地方での年輪は、気温ではなく乾季、雨季に反映されるようだ。つまり、光合成には水が不可欠だから、乾季には成長しないのだ。年中雨が降っている熱帯雨林では、年輪は形成されないが、気温、海水温の変動が小さい潮間帯に生育する、マングローブ樹木の年輪はどうだろうか。

　亜熱帯以外の日本の夏、冬の最高気温差は摂氏二〇度以上もあるが、マングローブ生育域の最高気温、海水温の年変動は数度程度と小さいから、マングローブ樹木の年輪は存在

写真３－３　乾季、雨季のあるタイの樹木（年輪）
（ジュンポール・サングアンシー氏提供）

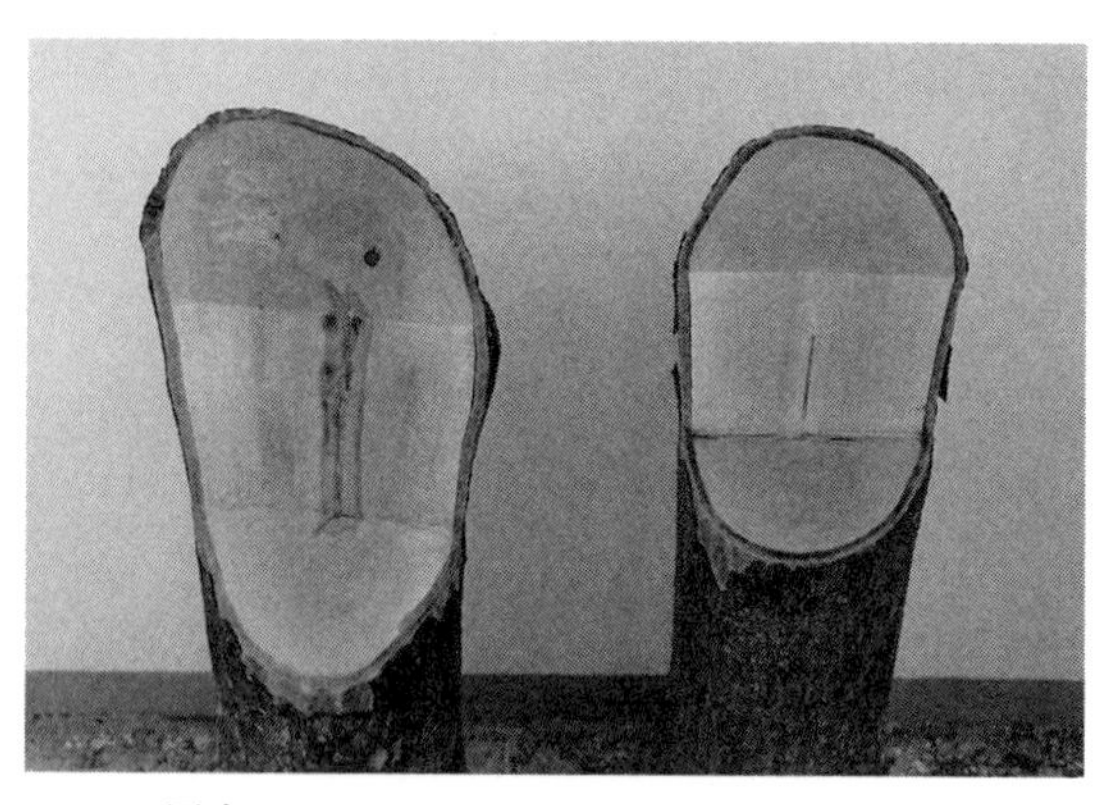

写真３－４　タイのマングローブの年輪
（提供者は写真３－３と同じ）

しないと思っていた。しかし、写真3－4のようにかすかに年輪が見られる。研究者なら解明したい興味ある事象である。

(二) 生き物の宝庫で「汚水処理場」でもあるマングローブ

マングローブとは、熱帯域や亜熱帯域の河川と海水が混合する汽水域（潮間帯）に生息する耐塩性の樹木群落で、タイではおよそ八〇種が生育している。

東洋の大河といわれるタイのバンコク市内を流れるチャプラタ川では、五〇キロメートル上流にマングローブの樹木が生育しているし、ベトナムのサイゴン川では、一〇〇キロメートル上流でもマングローブが生育している。大河の地形が平坦であれば、河底を海水が遡上し、上流一〇〇キロメートル先までも、マングローブ樹木が生育できるようだ。

マングローブが水中生物に何故大切かといえば、生物の繁殖の場であり、生育の場だからである。日本のような温暖域では、主に海藻群落が産卵場所や稚魚の成育の場に大きな役割を果たしている。一方、亜熱帯や熱帯域では、サンゴ礁やマングローブ（干潟）が亜寒帯や温暖域における海藻群落のような役目を果たしているし、防波堤の役目も果たしている。

マングローブには、有明海の干潟のように多種の生き物が生育しており、特にマングローブカニは絶品である。物価の安いタイでもこのカニはかなり高価で、供給よりも需要が多いのだろう。干潮時に、カニが潜んでいる穴に手を深く差し込み、カニを採取していたタイ人も見たが、カニは夜行性のため、カニ籠での捕獲が一般的である。

マングローブ樹林帯は日本の干潟同様、「汚水処理場」のような役割を果たしている。干潟では、家庭排水、工場排水、農業排水などに含まれる粒状有機物質を底生生物が食べるし、赤潮発生につながる窒素、リンなどの物質は干潟にいるプランクトンが取り込み、そのプランクトンをカニなどが食べるといったように、「汚水処理」をしているのだが、それと同じような水質浄化の役割をマングローブは果たしている。

私が調査・研究を行ったマングローブ樹林では、海岸から陸に向かって五〇〇〇メートルぐらいの幅のマングローブが残され、その背後にエビの養殖場が存在し、それの汚水が海に流れ込んでも、赤潮は発生していなかった。一方、マングローブを残さずに、海から直にエビ養殖場が存在する海域では、ほぼ年中赤潮が発生している。

樹木がどのような役割を果たしているかについて、汚染のない自然のままのマングロー

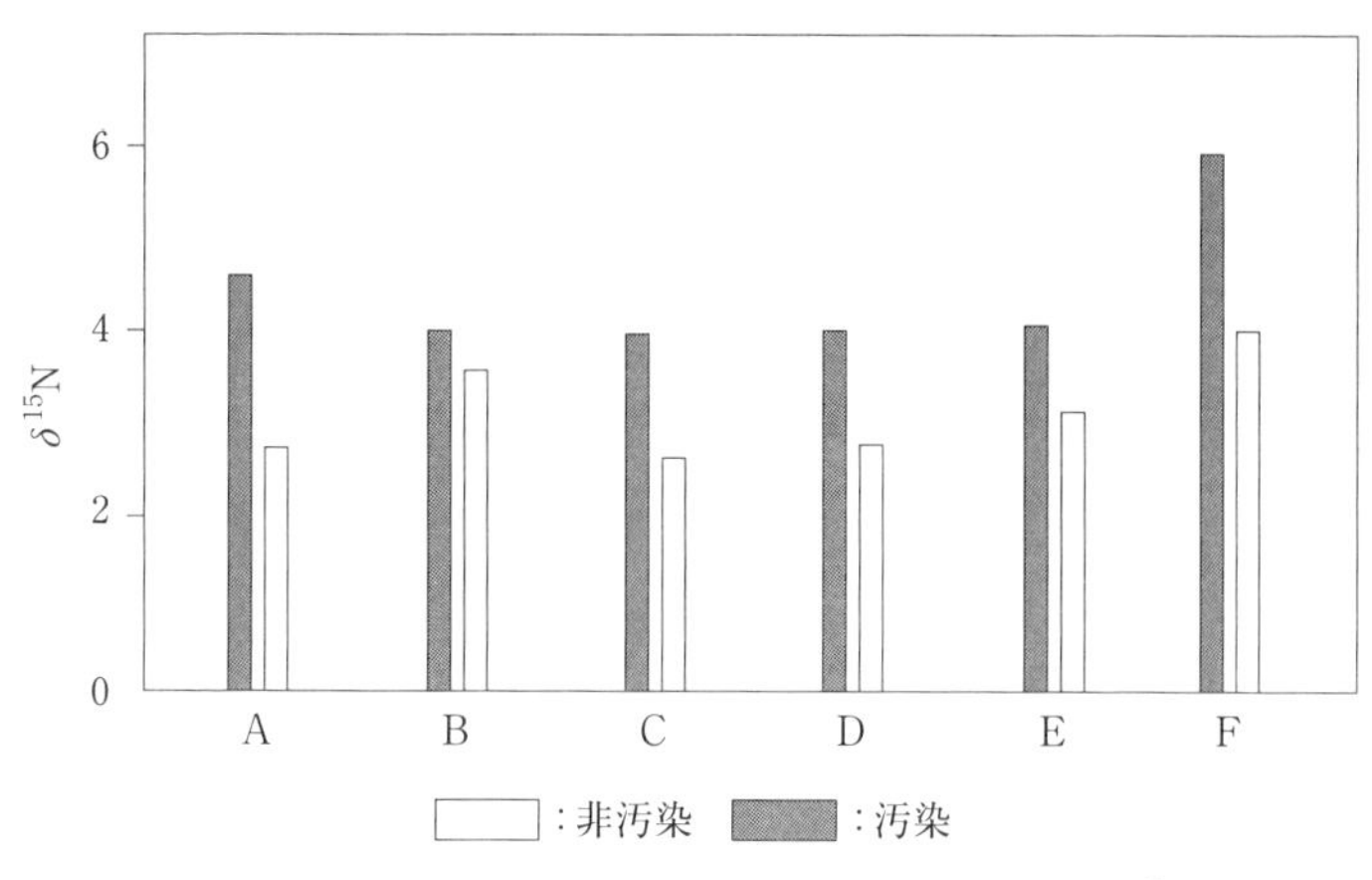

図3－4　非汚染、汚染域のマングローブ樹木葉の$\delta^{15}N$

ブ樹木と、背後にエビ養殖場があるマングローブの同種樹木、各六本の葉のδ（デルタ）^{15}N（汚染の指標）を測定した。結果を図3－4に示したが、有意に背後にエビ養殖場がある樹木の$\delta^{15}N$値は高かった。その理由は、エビの餌の$\delta^{15}N$が8と高い値に起因しているからである。

つまり、汚水に含まれるエビの餌起源の高い$\delta^{15}N$を有する窒素化合物（アンモニア、硝酸塩）を、樹木が光合成に利用しているのである。それゆえ、高濃度に汚染された栄養塩の海への流出が減少するため、赤潮は発生しないものと思われる。

世界のマングローブ域は今日では一九六〇年ごろの三六万八〇〇〇キロ平方メートルに比べると半減している。タイでのマングローブ減少の要因として、金属錫の採掘、エビの養殖場、建材、炭（備長炭のような良質の炭が得られる種もある）、薪炭材などのためにマングローブ樹林が伐採されたという事情があるようだ。錫の採掘のために伐採されたケースでは、採掘後そのまま放置されていた。

エビの養殖は数年後に、細菌やウイルスが増殖するため、養殖場としての使用はできなくなる。そのため、新たにマングローブを伐採し、養殖場としていた。しかし、マングローブ樹木が著しく減少したため、現在、養殖場のみならず、すべての伐採が禁止されている。

一九九八年にタイ湾に位置するラヨン県近郊でマングローブ樹木をＥＭＤＥＣの職員などと一緒に植林した（写真３－５）。なお、この河口域は泥質でなく砂場であった。樹木が成長すると泥質に変わる。

また、ＥＭＤＥＣの横を流れている河川には、マングローブの樹木が消滅していたため、一九九七年に職員と一緒に植林した（写真３－６）。

植林してから既に、二〇年余りになるが、現在（二〇二一年）ではそれぞれ写真３－７（ラヨン県近郊）、３－８、３－９（ＥＭＤＥＣ横の河川）に示したような大木になっていた。今では河口域から上流にかけてマングローブの樹木が生い茂り、心温まる光景となっている。ＥＭＤＥＣでは、河畔のマングローブは日本の研究者、松永が提案して植林ができたといわれているようで、この上なき喜びである。

なお、タイのマングローブ林は一九九六年には一七万ヘクタールであったが、二〇一八年には二五万ヘクタールまで増加している。植林ができる体力があれば、一度植林をされ

写真３－５　タイ、ラヨン県郊外でのマングローブ樹木の植林

写真３－６　EMDEC 横の河川でのマングローブ樹木の植林

たらいかがだろうか。次世代がこの地球で楽しい生涯を過ごせるように。

写真３－７　ラヨン県郊外での植林、約20年後のマングローブ（写真提供者は３－３と同じ）

写真３－８　EMDEC 横の河川に植林したマングローブ樹木、20年後には大木に成長している（提供者は３－３と同じ）

写真３－９　EMDEC 横の河川、植林後約20年、海岸側から（提供者は３－３と同じ）

おわりに

こんなことをいうのは恐縮だが、今のままでは、私には日本の将来は明るいとは思えない。今生きている我々が〝嘘がまかり通る社会に、倫理感を喪失した社会に、腐ったか腐りかけた社会にしたのだ〟——そんな反省をこめて、本書では思いのたけを綴った。願わくば、私の反省に何らかの形で反応してくださる方がいて、そうした思索の中から、どうにか明るい見通しが見いだされればという気持ちももちろんある。

本書では無駄な公共事業の問題にも何度かふれた。我々研究者は、国民が汗水たらして納めた血税で生活し研究させてもらったわけなので、研究の成果を様々な形で人々にお知らせするのはせめてもの恩返しだと思っているが、水産科学といった実践的な領域で働いてきた私が現場で直面した、公共事業をめぐる実態をこのまま放置したのでは、日本が三流国家に転落してしまうという思いを持ってきたからである。

もし会計検査院による公共事業の検査が、海中の公共事業についても行われていれば、コンブを繁茂させるために沈設されたコンクリートブロックが石灰藻に覆われ、「砂漠化」した光景を見れば、無駄な事業だとわかったのではないか。

財政の健全化といいながら、数十兆円もの国債（借金）を予算に組み入れている。これでは、将来に暗雲が立ち込めて当然だ。人口減少している地方でも、自然を破壊し、新規に高規格の道路を建設したりしているが、そのために赤字国債を増やし続けていては、国は破綻するだろう。貧富格差が拡大した社会が続けば、地方の人口は激減し、一〇年後にはその道路を利用する人は、ほとんどいないのではないか。利用されない道路でも維持しなければならないが、国や地方が負担できるとは思えない。新幹線についても同様である。在来線、新幹線の維持には地方自治体が予算を負担することになるが、負担に耐え切れない住民は移住し、増々人口減に拍車がかかるだろう。暗澹（あんたん）たる思いだ。

昔、著名な脚本家（劇作家・作家）と対談する機会に恵まれた。その先生も自然を大切にされており、閉鎖したゴルフ場に植林をされている。対談中、開発庁を回復庁にしたらとの話題になった。一世紀以上も開発し続けたのだから、〝もういいでしょう〟、という雰囲気だった。

昨今の気候で感じることは、食糧不足の時代がそこまで来ているように思う。食料自給率三八パーセント程度の日本、世界で大旱魃（かんばつ）、大洪水が発生すれば、国力が低下している日本、他国から食料を輸入できるのか、不安を感じる国民は多いだろう。何故食料自給率を高める政策を行わなかったのか、不思議だ。自民、公明党の現政権に責任がある。

わが国の国力の低下の要因の一つは、研究力の低下であると思っている。無駄な公共事業を止めて、研究予算を増やし、特定分野だけでなく広く学術研究を推進することが必要だ。国立大学の場合、法人化前の大学では、最先端の研究、基礎研究をする研究者の割合はそれぞれ七対三程度であったように思う。どちらの研究も大切だから、お互いの研究に対してリスペクトしていた。

現在、政治家、財界人が大学、研究機関へ介入している現状を止めないと、日本は間違いなく三流国家に転落するだろう。自民党、公明党は国の将来を見据えた政策をしていないと思う。

転落寸前の国を持ちこたえさせるには、研究機関の法人化を止めて、政治家が介入できない法人化以前の研究機関の姿に戻すこと、そして大学の教育研究に使える予算を厚くすることである。

地球温暖化については、国民一人ひとりが、平均数十パーセント、利用するエネルギーを減らす（省エネルギー）とともに、再生可能エネルギーの普及を推進し、国民の数十パーセントが植林をすれば、樹木が成長するまでのタイムラグがあるものの、カーボン・ニュートラルが達成できると思われる。

著者が最も言いたかったことは、〝人間は食料と水さえあれば、飢えで苦しむことはない。森林、農地、海はそれぞれ別個でなくつながっているから、林業者、農家、漁師が生業を継続できるよう、血税を使うこと〟である。

それと、議員の肩書に恋々としている「政治屋」でなく、清廉な政治家を選ばないと、子どもや孫は飢えで苦しむことになるように思う。

人間として生まれた感謝の気持ちがあるのなら、「世のため人のために尽くす」「人は人に役立つために生きている」という気持ちで生きることで、生きている充実感が得られのではないだろうか。

関連参考図書

環境省『環境白書』日経印刷、二〇二一年。
林野庁『森林・林業白書』農林統計協会、二〇二一年。
水産庁『水産白書』農林統計協会、二〇二一年。
農林水産省『食糧・農業・農村白書』農林統計協会、二〇二一年。
小野有五『新しいアイヌ学のすすめ』藤原書店、二〇二二年。
鬼頭昭雄『地球温暖化の科学』宝島社、二〇二二年。
大熊孝『洪水と水害をとらえなおす』農山漁村文化協会、二〇二〇年。
堅達京子『脱プラスチックへの挑戦』山と渓谷社、二〇二〇年。
磯辺篤彦『海洋プラスチックごみ問題の真実』化学同人、二〇二〇年。
高田秀重『プラスチックの現実と未来へのアイデア』東京書籍、二〇一九年。
石弘之『地球環境と人類史』洋泉社、二〇一六年。
池内了『大学と科学の岐路』東洋書店、二〇一五年。
田中克・吉永郁生監修『有明海再生への道』花乱社選書、二〇一四年。
小出裕章『隠される原子力、核の真実』創史社、二〇一〇年。
松永勝彦『森が消えれば海も死ぬ　第2版』講談社ブルーバックス、二〇一〇年。
西岡秀三ら『地球環境がわかる』技術評論社、二〇〇九年。

天野礼子『ダムと日本』岩波新書、二〇〇一年。
佐藤正典編『有明海の生きものたち——干潟・河口域の生物多様性』海游社、二〇〇〇年。
Luthi, D. et al.: Nature, 453, 379. 2008
Jouzel, J. et. al.: Science, 317, 793. 2007
Petit, J.R. et al.: Nature, 399, 429. 1999
Matsunaga, K. et al.「The role of terrestrial humic substances on the shift of kelp community to crustose coralline algae community of the southern Hokkaido Island in the Japan Sea」J. Experimental Marine Biology and Ecology, 241, 193. 1999
Matsunaga, K.:「Estimation of variation of mercury concentration in the oceans during the last several decades」J. Oceanogr. Sci. Japan, 32, 48. 1976
Matsunaga, K. et al. :「Mercury in the Kuroshio, Oyashio regions and the Japan Sea」Nature, 258, 224. 1975
https://www.globalnote.jp>post-3235.html
NOAA : https://www.noaa.gov/
IPCC: https://://www.jpcc.ch/
NCAR: https://://ncar.ucar.edu/
WGMS: https://wgms.ch/
WMO:https://public.wmo.int/en

https://www.natureasia.com>ja-jp>research>hightlight.../
https://://www.env.go.jp/water/virtual_water
https://://www.globalnote.jp/
https://://www.niehsinh./2021
https://:www.afpbb.com/articles/-/37684
https://:www.bbc.com/japanese/53147673
https://://ja.wikipedia.org/wiki/
https://://www.fujielectric.co.jp/about/company/
https://://www.j-sda.or.jp/vending-machine/
https://://j-net21.smrj.go.jp/development/energyeff/Q1283.html
https://www.yahoo.co.jp
https://www.japanfs.org>news_id031524
https://www.at-s.com>topics>shizuoka
https://www.nikkei.com>articles
https://note.com>hibishinbun
https://ritokei.com
https://www.youtube.com/watch?
https://www.nagasaki-np.co.jp>kijis

https:／／fish-exp.pref.shizuoka.jp>izu
https:／／www.chunichi.co.jp>amp>articles
https:／／news.yahoo.co.jp>articles
https:／／kids.gakken.co.jp>jiten>diction
https:／／:／／www.nlit.go.jp>mizsei>actual01
https:／／www.hugerfree.net
https:／／www2.pref.iwate.jp>sokuho
https:／／ritokei.com
https:／／www.youtube.com／watch?
https:／／www.nagasaki-np.co.jp>kijis
https:／／fish-exp.pref.shizuoka.jp>izu
https:／／www.chunichi.co.jp>amp>articles
https:／／news.yahoo.co.jp>articles
https:／／kids.gakken.co.jp>jiten>diction
https:／／:／／www.nlit.go.jp>mizsei>actual01
https:／／www.hugerfree.net
https:／／www2.pref.iwate.jp>sokuho
https:／／www.jstage.jst.go.jp>swsj>pdf

http://mangrave.or.jp>about_mangraves
http://www.mangrove.or.jp>img
https://detail.chiebukuro.yahoo.co.jp>q

松永勝彦（まつなが　かつひこ）
北海道大学名誉教授。1942年三重県生まれ。立命館大学理工学部化学科卒業、大阪大学大学院工学研究科修了。理学博士。1986年から北海道大学教授。森林が河川、湖、沿岸海域の生物生産にはたす役割について研究。著書に『森が消えれば海も死ぬ　第2版』（2010年、講談社）、『危機と共生』（共著、角川学芸出版、2004年）など。環境の研究にたずさわる研究者に贈られる第一回環境水俣賞（1992年）受賞。

「海の砂漠化」と森と人間――環境研究者のつぶやき

2023年4月15日　初　版

著　者　松　永　勝　彦
発行者　角　田　真　己

郵便番号　151-0051　東京都渋谷区千駄ヶ谷4-25-6
発行所　株式会社　新日本出版社
電話　03（3423）8402（営業）
03（3423）9323（編集）
info@shinnihon-net.co.jp
www.shinnihon-net.co.jp
振替番号　00130-0-13681

印刷・製本　光陽メディア

落丁・乱丁がありましたらおとりかえいたします。

ISBN978-4-406-06748-5 C0044　Printed in Japan